本书由

中国地质大学（武汉）实验技术研究经费

国家自然科学基金项目（42171438）

中国地质大学（武汉）中央高校教改基金项目（2021G20）

资助

开源网络地图可视化
基于Leaflet的在线地图开发

主 编：杨 乃

副主编：关庆锋 陈占龙 晃 怡 郑贵洲 奚大平 彭艳鹏 李峥

电子工业出版社

Publishing House of Electronics Industry

北京·BEIJING

内 容 简 介

本书首先介绍目前比较流行的地图可视化工具和常见的地图数据类型，便于读者从整体上掌握地图可视化的基本知识；然后介绍 HTML、CSS、JavaScript 等 Web 开发基础，便于不太熟悉 Web 开发的读者阅读本书，熟悉 Web 开发的读者可略过这部分内容；最后从 Leaflet 地图可视化基础、地图基本操作、专题地图绘制、地图动画等方面深入介绍 Leaflet 的开发过程，对每一步的案例代码都进行了详细说明，便于读者轻松上手。掌握基于 Leaflet 的地图可视化开发技巧，可以触类旁通，迅速掌握其他地图可视化开源库的使用方法。

本书既可作为地理学、测绘科学与技术等相关专业本科生或研究生的教材，也可作为相关生产单位的项目培训用书。

图书在版编目（CIP）数据

开源网络地图可视化：基于 Leaflet 的在线地图开发/杨乃主编. —北京：电子工业出版社，2022.12
（WebGIS 系列丛书）
ISBN 978-7-121-43521-8

Ⅰ．①开…　Ⅱ．①杨…　Ⅲ．①地理信息系统—可视化软件　Ⅳ．①P208

中国版本图书馆 CIP 数据核字（2022）第 088217 号

审图号：GS 京（2022）1461 号

责任编辑：田宏峰
印　　　刷：北京天宇星印刷厂
装　　　订：北京天宇星印刷厂
出版发行：电子工业出版社
　　　　　北京市海淀区万寿路 173 信箱　邮编　100036
开　　本：787×1 092　1/16　印张：14.25　字数：362 千字
版　　次：2022 年 12 月第 1 版
印　　次：2024 年 7 月第 2 次印刷
定　　价：88.00 元

序　言

Map-based visualization has been a distinct focus in cartography and geography since the early 1990s. Over that time, both the technology and the theory that underlies visualization have advanced dramatically. We have reached a point where advances in technology (particularly open source technology) and theory, coupled with ever-increasing volumes of geographically-referenced data, make it possible for a wide range of potential developers to generate map-based visualization tools that meet the diverse place-based needs of our society. But, these developers (and students learning to be developers) need guidance in leveraging the tools and the data to produce effective online mapping applications. Open web mapping with Leaflet, by Professor Nai YANG fills this need for developers and students anxious to generate effective mapping applications with open and easily extensible tools.

Open web mapping with Leaflet draws upon three decades of cross-fertilization between developments in cartography and visualization. In the early years (the 1990s), the visualization focus within cartography was on leveraging specialized advances in computer hardware and software to produce one-off mapping applications designed for expert users. In my own early work on cartographic visualization, I presented "visualization" as being at one end of a continuum of map use, with "communication" at the other. The key motivation in that work was to prompt cartographers (and other map makers) to recognize that maps can be more than presentation devices, that they have an important role in supporting thinking and knowledge creation.

The visualization applications created during that early period of map-based visualization supported experts who leveraged growing repositories of spatial data to (a) facilitate scientific research and (b) achieve narrowly focused solutions to information analysis needs within government and other organizations (e.g., for regional planning, environmental management, or monitoring disease outbreaks). These specialized, map-based visualization applications continue to be important and are increasingly effective due to both the exponential increase in geographically-referenced data and a renewed realization that location matters (that in spite of modern technology eliminating some distance barriers, issues related to disease, the environment, livelihoods, and more continue to vary geographically). But, map-based visualization is no longer the exclusive domain of experts. It is now possible for a wide range of potential map users to access spatial data and mapping technologies online (and on mobile devices) to think with and create knowledge from geographic data as well as to communicate that knowledge. Additionally, a wide range of individuals (not just professional cartographers) now have the potential to develop specialized online mapping applications that leverage diverse geographic data sources. Open source technologies are a key factor in these developments.

Now is ideal time for an online mapping text that organizes knowledge and techniques in one place in order to instruct would-be map creators on how (and why) to leverage open technologies to build their own custom, online mapping applications. Open web mapping with Leaflet, by Professor Nai YANG, is thus poised to have a substantial impact in training the next generation of web cartographers in the basics of map-based visualization and in how to utilize open source technologies to build novel and effective maps.

During 2017-2018, I had the pleasure to act as the academic host for Professor Nai YANG's year-long visit in the Department of Geography at The Pennsylvania State University. That was a productive year for both of us, with opportunity to collaborate on research and discuss instructional strategies. During Professor YANG's stay in the Department he was based in the GeoVISTA Center (for which I was Director). This provided an opportunity for him to take an active role in ongoing research (we collaborated particularly on developing, implementing, and assessing Tag Mapping methods). He also made use of the visit to be an observer in and have discussions about cartography/visualization courses (including the Dynamic Cartographic Representation Class I was teaching at the time). Thus, in addition to collaborating on mapping research, we were able to share ideas about instruction. This book, which I was very happy to see come to fruition, reflects and builds upon those activities. It represents a much-needed compilation and explication of methods and technologies for constructing online mapping applications to meet a wide range of needs. The book provides a unique contribution to the field by detailing how to leverage open source tools to create effective online maps and by illustrating the potential with diverse examples of map-based visualization displays and applications that can be constructed today (relatively easily, by individuals with modest technology skills).

As detailed in the book, a wide range of open source technologies have been developed and are freely available. These technologies now make it possible for individuals from many applications domains to build custom mapping applications that meet the diverse needs of science and society. In Chapter 1, the book introduces the novice developer to the core concepts of map visualization. Then, Chapter 2 outlines the basics of web development. Building on this based, the the text focuses in on how to leverage one specific open source mapping technology, Leaflet, to build a wide range of map types. In four chapters, Professor YANG leads the reader through the basics of Leaflet, core map operations it supports, thematic maps of multiple types, and map animation. The book is copiously illustrated and those illustrations provide a great sense of the range of mapping products possible using Leaflet.

We are at an exciting time in cartography, and in all fields for which geographic data and maps are relevant. Never before have so many people had access to so much geographic data, plus to the technologies that enable them to generate effective and dynamic maps from those data. I will look forward to the many maps that are sure to be generated by those who learn open source mapping skills from open web mapping with Leaflet.

Professor Alan M. MacEachren
Pennsylvania State University
April, 2021

前　　言

近些年，随着地图可视化相关工具的不断涌现，地图的生产、制作与应用都已经从传统测绘行业逐渐走向大众化，掌握地图的制作技巧已经成为诸多领域从业人员的必备技能。相比一些地图可视化操作软件和在线地图可视化网站，通过编程实现地图可视化产品的开发难度更大，学习成本更高，但可实现按需灵活定制，不会受限于地图可视化操作软件和在线地图可视化网站提供的模板及功能，能够满足一些更高阶的应用需求，在实际生产项目中的实用性更强，需求量更大，更值得深入学习。在众多可用于地图可视化的开发包中，以 Leaflet 为代表的一系列开源类开发包受到了越来越多用户的欢迎，甚至对一些商业性质的开发工具造成了很大的冲击。在此背景下，本书将聚焦开源网络地图可视化的开发。

我在 2017 年获得了国家留学基金管理委员会的全额资助，于 2017 年 7 月至 2018 年 7 月在美国宾夕法尼亚州立大学地理系 GeoVISTA 中心留学访问。留学访问期间，在地理可视化分析领域全球顶尖专家 Alan M. MacEachren 教授的指导下，我使用开源网络地图可视化库 OpenLayers 研发了标签地图可视化系统 Tag Map Explorer；同时旁听了 Alan 教授讲授的课程 "Dynamic Cartographic Representation"，该课程的实践部分采用 Leaflet+D3 完成。在该课程的实习指导教师杨丽萍教授（现就职于新墨西哥大学）的帮助下，进一步了解了国外开源网络地图可视化的相关现状。受到课程 "Dynamic Cartographic Representation" 的启发，我萌生了将国外一些地理可视化分析相关知识、理念和技能引入国内的念头。

目前，我们的团队［中国地质大学（武汉）GeoVISLAB 团队］正在微信公众号"地图可视化"（MapVis）上努力实现这一想法。与此同时，我们也一直计划编写一些和开源网络地图可视化相关的教材或专著。2018 年回国后，我有幸主持了一个基于 Mapbox GL 的室内三维地图可视化项目，并于 2019 年成功交付生产单位。2020 年，在新冠肺炎疫情初期，我们指导研究生基于 Mapbox 研发了"武汉市新型冠状病毒肺炎疫情态势分析系统"，该系统受到了中国自然资源报、中国教育电视台、中国社会科学报、楚天都市报等新闻媒体的报道。这些工作都为本书的编写奠定了坚实的基础。2020 年，在新冠肺炎疫情期间，我受困于农村老家，终于得以"清闲"，有时间去思考、实现在国外时的一些想法，决定编写此书，以轻量级地图可视化包 Leaflet 为主，辅以 D3、Turf 等开源库进行介绍，和国内读者分享我们团队在开源网络地图可视化开发方面的一些经验。在武汉解封返校之前，已基本厘清本书的编写思路和框架，返校之后开始了正式的编写工作，于 2020 年年底完成了初稿。

本书首先介绍目前比较流行的地图可视化工具和常见的地图数据类型，便于读者从整体上掌握地图可视化的基本知识；然后介绍 HTML、CSS、JavaScript 等 Web 开发基础，便于不太熟悉 Web 开发的读者阅读本书，熟悉 Web 开发的读者可略过这部分内容；最后从 Leaflet 地图可视化基础、地图基本操作、专题地图绘制、地图动画等方面深入介绍 Leaflet 的开发过程，对每一步的案例代码都进行了详细说明，便于读者轻松上手。掌握基于 Leaflet 的地图可视化开发技巧，可以触类旁通，迅速掌握其他地图可视化开源库的使用方法。

本书既可作为地理学、测绘科学与技术等相关专业本科生或研究生的教材，也可作为相关生产单位的项目培训用书。

参与本书编写和审校工作的人还有关庆锋、陈占龙、晁怡、郑贵洲、奚大平，参与本书地图绘制的人有湖北省国土测绘院的彭艳鹏、李峥，参与本书案例代码测试的研究生有林鑫、朱威、吴国佳、蒋乐、许帆、李双宇、杨慧、孙鑫、庞旭静、邓志涛、张津铭等，在此真诚地感谢他们为本书付出的辛勤劳动。

　　在本书完成初稿后，我邀请 Alan 教授为本书作序，Alan 教授欣然应允。今年 6 月底 Alan 教授就要退休了，回首跟着他访学的日子，一直甚感荣幸，我们在国际地图学领域知名期刊 *Cartography and Geographic Information Science* 和 *The Cartographic Journal* 上已经合著发表了两篇论文，另有一篇目前还在编写中。Alan 教授的治学精神一直鼓舞着我，他给予的肯定也是我不断前行的动力。再次感谢 Alan 教授的指导与支持！

　　此外，还要特别感谢新墨西哥大学的杨丽萍教授和电子工业出版社的田宏峰编辑，本书的出版离不开他们的鼓励与大力支持！

　　由于编写时间仓促，本书难免会存在一些瑕疵，案例代码可能存在一些不规范之处，敬请广大读者批评指正。

杨　乃

2021 年 6 月于南望山

目　　录

第 1 章

地图可视化基础知识

人类日常活动 80%的信息都与地理位置有关，属于地理信息的范畴。地图作为地理信息的最终归宿，在人们的生产和生活中扮演着举足轻重的角色。在这次席卷全球的新冠肺炎疫情中，地图的表现尤为出色，多家媒体都推出了自己的新冠肺炎疫情地图。例如，我们 GeoVISLAB 团队研发的新冠肺炎时空态势分析系统如图 1-1 所示。公众可以轻易地获取各地确诊病例、疑似病例和死亡病例的人数，并能对不同区域的疫情进行对比分析，从而掌握新冠肺炎疫情的整体态势。综观这些新冠肺炎疫情地图，无不是基于互联网共享并提供了简单交互功能的网络地图。那么这些地图是如何制作的呢？通过本书的学习，您就能找到答案。

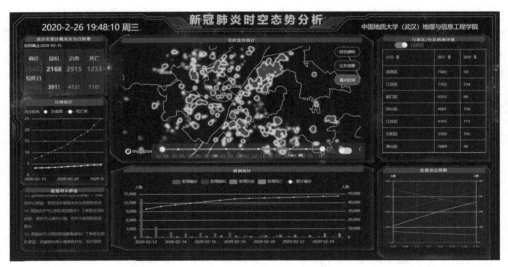

图 1-1　中国地质大学（武汉）GeoVISLAB 团队研发的新冠肺炎时空态势分析系统

1.1　地图可视化工具简介

作为地理信息系统（Geographic Information System，GIS）的一个组成部分，地图可视化功能是所有 GIS 软件都必备的一个基本功能。从历史溯源来看，GIS 起源于机助地图制图系统[1-2]；从系统功能来看，GIS 最终又以地图的形式来展示其处理、分析各种地理信息后的结果。因此，所有的 GIS 基础平台软件都可用于地图可视化，如排在国内市场占有率前几位的 Esri 的 ArcGIS、超图软件的 SuperMap、中地数码的 MapGIS、武大吉奥的 GeoStar 等，都可用于二、三维时空地图可视化，这些软件应用较广，读者可以通过它们的官网了解详细的信息，本书不再展开介绍。

除此之外，当前可用于地图可视化的工具还有很多，尤其是在近几年，几乎每年都有新的地图可视化工具出现，其中，有的专注于测绘地理信息领域，有的只是作为通用数据可视化工具的一个组成部分。这些工具既有需要安装使用的操作软件，也有提供在线服务的网站，还有供用户编程的开发包。本节将分类进行简要介绍，读者可通过"地图可视化"公众号（MapVis）查找相关的教程。

1.1.1 操作软件

此处提到的操作软件是指提供了程序安装包，需要在计算机上安装后方能使用的软件，这类软件往往不需要编程即可实现地图可视化。本节将对常用的操作软件进行介绍。

1.1.1.1 QGIS 简介

QGIS 是一个免费、开源的地理信息系统，通过 QGIS 加载 Google Maps 如图 1-2 所示。QGIS 在国外应用得较广，在国内的应用度也在逐年攀升。有人将 QGIS 形容为开源版的 ArcGIS，足以看出其功能上的强大。QGIS 能够实现 ArcGIS 的很多功能，用户通过 QGIS 能够在 Windows、Mac、Linux、BSD 和移动设备上创建、编辑、可视化、分析和发布地理空间信息，此外，用户还能在互联网上找到全球网友开发的大量 QGIS 插件，用以扩展现有的功能。QGIS 不仅提供了安装包，还提供了可供用户自定义开发的函数库 API（Application Programming Interface，应用程序编程接口），通过 QGIS 官网，用户可以获得 C++、Python 的开发帮助文档。

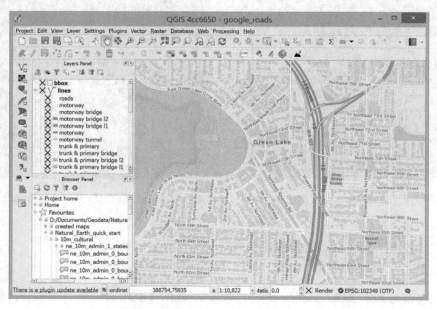

图 1-2　通过 QGIS 加载 Google Maps（来源：QGIS 官网）

1.1.1.2　Tableau 简介

Tableau 是一款商用智能数据可视化分析工具，地图可视化只是其提供的众多可视化功能中的一种，如图 1-3 所示。

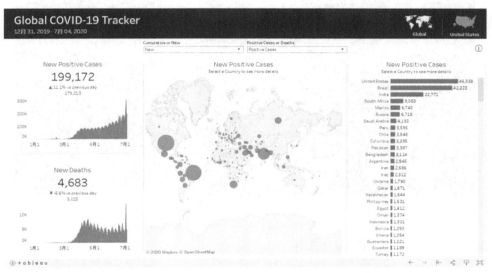

图 1-3　Tableau 全球 COVID-19 跟踪仪表盘（来源：Tableau 官网）

无论电子表格、数据库的数据，还是 Hadoop 和云服务的数据，都可以通过 Tableau 进行深入分析。用户可以在 Tableau 提供的智能仪表板上使用直观明了的数据拖放功能，无须编程即可进行可视化分析，而且只需要几次简单的单击，即可发布智能仪表板，在互联网和移动设备上实现实时共享。类似的商业智能（Business Intelligence，BI）数据可视化分析软件还有微软的 Power BI（如图 1-4 所示）、帆软软件的 Fine BI（如图 1-5 所示）等。

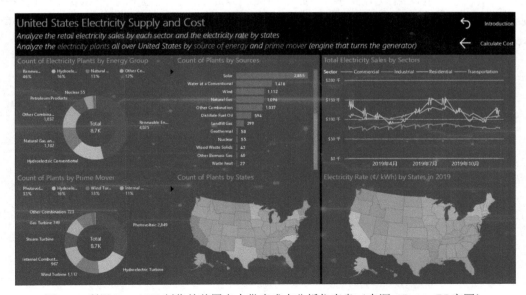

图 1-4　利用 Power BI 制作的美国电力供应成本分析仪表盘（来源：Power BI 官网）

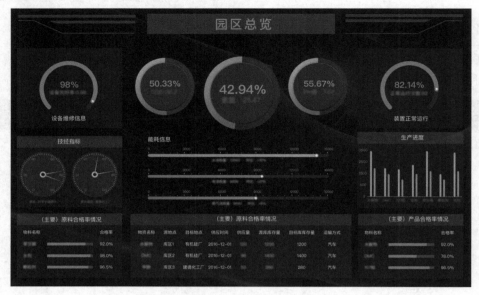

图 1-5　利用 Fine BI 制作的零售行业案例展示仪表盘（来源：Fine BI 官网）

1.1.1.3　Excel 的地图可视化插件

1）Power Map

作为微软 Office 办公软件中制作电子表格的利器，Excel 在全球的拥趸众多。随着地理信息在人们日常生活中发挥的作用越来越重要，微软也顺势而为，从 Excel 2013 开始推出了三维地图数据可视化工具——Microsoft Power Map for Excel（简称 Power Map），如图 1-6 所示。顾名思义，该工具为 Excel 而生，作为一个插件，必须依托于 Excel 的使用。用户可以在 Excel 中，将超过一百万行的数据绘制在一个三维地球或自定义的地图上。Power Map 的基础底图采用的是微软自家的网络地图服务——必应地图。除此之外，通过 Power Map 还可以查看一段时间内的时间戳数据。Power Map 入门可以查看 https://support.microsoft.com/zh-cn/office/power-map-%E5%85%A5%E9%97%A8-88a28df6-8258-40aa-b5cc-577873fb0f4a。

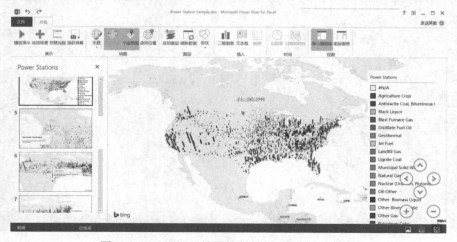

图 1-6　Power Map 地图绘制界面（绘制：孙鑫）

4

2）DataMap

DataMap For Excel（简称 DataMap）是国内推出的一款用于地图可视化的 Excel 插件，功能非常强大，兼容 Excel 2010 及以上版本，如图 1-7 所示。相比 Power Map 受限于必应地图，DataMap 提供了对高德地图、百度地图的支持，使其国内地图服务的能力比 Power Map 强大得多。此外，DataMap 还可与 ECharts 等图表库融合，支持网络分享以及 svg、png/jpg 文件导出等功能。

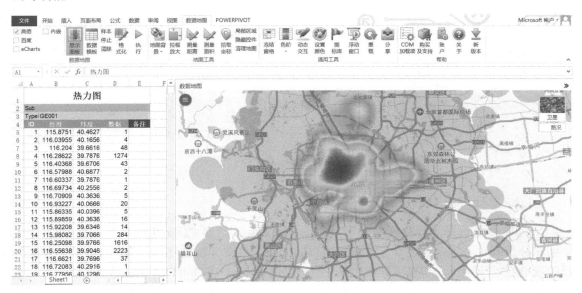

图 1-7 DataMap 地图绘制界面（绘制：孙鑫）

1.1.2　在线网站

除了以上需要安装才能使用的操作软件，随着互联网技术的快速发展，现已出现了大量提供在线地图可视化服务的网站，也不需要编程即可实现地图可视化。本节将对主流的在线地图可视化服务网站进行简要介绍。

1.1.2.1　Mapbox Studio 简介

Mapbox 是基于移动端、Web 端、Unity 和 Qt 等多平台的全球位置数据平台[3]，不仅提供了网页端、移动端、增强现实、无人驾驶等平台的地图，以及定位、导航、地理编码等产品，还提供了开源的地图可视化开发包。其中，用于地图样式自由定制设计的 Mapbox Studio 在业内被一些人称为"地图界的 Photoshop"，采用游戏引擎级别的渲染效果，可见其强大的地图设计功能。用户在 Mapbox Studio 官网注册登录后，可以选择不同的地图模板和风格，并可以对组成地图的各个要素（如地图符号、注记等）进行编辑。Mapbox Studio 地图设计页面如图 1-8 所示。完成地图设计后，用户可以打印、导出或发布共享其设计的地图，供开发者调用。与 Mapbox Studio 类似的工具还有 CARTO、HERE Studio 等。

图 1-8　Mapbox Studio 地图设计页面

1.1.2.2　ArcGIS Online 简介

ArcGIS Online 是老牌 GIS 基础平台软件公司 Esri 的地理空间云的一部分，是一款完整的制图和分析解决方案，通过交互式地图可以将人员、位置和数据连接起来，提供基于位置情报的智能数据驱动样式和直观分析工具。用户可以将 ArcGIS Online 作为独立的工具使用，也可以使用 ArcGIS 的其他产品来扩展相关工作，用户通过 ArcGIS Online 制作的地图可以在 ArcGIS 平台共享和集成。在 ArcGIS Online 官网注册登录后，用户既可以浏览全球网友共享的地图作品，也可以浏览、使用 ArcGIS Living Atlas of the World（全球最重要的地理信息集合，包含地图、应用程序和数据图层，可支持用户工作）。使用 ArcGIS Online 新建地图的页面如图 1-9 所示，用户可以选择不同的底图，加载来自网络或本地的数据图层（如包含所有 Shapefile 文件的 zip 文档，包含可选地址、地点或坐标位置的 CSV 或 TXT 文件、GPX、GeoJSON 等），并能更改图层符号样式。值得推荐的是，Esri 的另一款产品 ArcGIS StoryMaps，可以让用户基于 ArcGIS Online，通过组合文本、交互式地图和其他多媒体内容创建给人启迪的拟真式故事，并能将创建的故事发布共享给其他组织或世界各地的人。我们 GeoVISLAB 团队成员邓大雅同学基于 ArcGIS StoryMaps 创作的地图故事如图 1-10 所示。

1.1.2.3　Unfolded Studio 简介

Unfolded Studio 是 Unfolded 的产品之一，Unfolded 是一个地理空间分析与可视化平台，现已被 Foursquare 收购。和 Mapbox Studio 一样，Unfolded Studio 提供了强大的在线地图定制功能。用户在 Unfolded Studio 官网注册登录后，可以在浏览器中完成以下工作：海量位置数据的可视化、直观的地理空间分析、空间数据挖掘、地图成果的快速发布分享。Unfolded Studio 支持 Shapefile、矢量瓦片、云优化 GeoTIFF（Cloud-Optimized GeoTIFF）、CSV、GeoJSON 等数据格式。Unfolded Studio 提供的地图样例如图 1-11 所示。

图 1-9　使用 ArcGIS Online 新建地图的页面

图 1-10　基于 ArcGIS StoryMaps 创作的地图故事

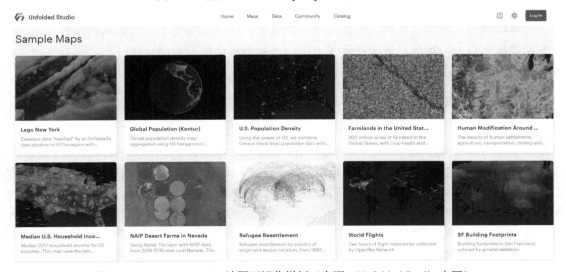

图 1-11　Unfolded Studio 地图可视化样例（来源：Unfolded Studio 官网）

1.1.2.4　DataV.GeoAtlas 简介

DataV.GeoAtlas 是阿里 DataV 数据可视化产品中的一款地理工具,其地图可视化功能并不强大,但是提供了行政范围选择、边界生成、层级生成等功能,用户可以下载 GeoJSON、SVG 格式的国内行政区划边界/面域数据、行政层级数据。DataV.GeoAtlas 数据来源于高德地图,在国内行政区划边界开源数据相对稀缺的现况下,DataV.GeoAtlas 无疑是国内在线地图数据来源的首选,其操作简单,容易上手,操作界面如图 1-12 所示,本书后续章节中的地图数据大多来源于此。

图 1-12　DataV.GeoAtlas 操作界面(来源:DataV.GeoAtlas 官网)

1.1.2.5　地图慧简介

地图慧是超图软件提供的 GIS 云服务,是企业地图服务平台,集在线制图、看图、企业应用以及大数据商业分析于一体。地图慧的产品体系为大众及企业提供了一站式地图解决方案。值得推荐的是地图慧提供的免费大众制图服务,该服务提供了丰富的地图模板,用户选择地图模板之后上传数据,无须开发即可快速定制个性地图,并能一键分享,可嵌入网站、PPT 等。地图慧大众制图页面如图 1-13 所示。

1.1.2.6　Map Lab 简介

Map Lab 是高德开放平台提供的一款能够帮助用户对位置数据进行可视化展示与分析的在线服务平台。用户在 Map Lab 官网注册登录后,可见到如图 1-14 所示的页面。Map Lab 提供点、线、面、热力图四大类,共 10 余种数据展示效果,支持 CSV、Excel、TXT、MySQL 等多种数据文件。通过上传数据、创建可视化项目、配置地图/组件、发布使用 4 个步骤即可完成地图可视化,用户既可以将地图可视化结果导出为图片放入文档中,也可以将其发布为 URL(Uniform Resource Locator,统一资源定位器),直接在浏览器中访问或嵌入网站。与 Map Lab 类似的网站还有百度的 MapV online,用户通过简单的拖曳、单击鼠标即可实现炫酷的地图可视化效果。

图 1-13　地图慧大众制图页面（来源：地图慧官网）

图 1-14　Map Lab 案例教程（来源：Map Lab 官网）

1.1.2.7　GeoHey 简介

　　GeoHey 是北京极海纵横信息技术有限公司的产品，提供了 20 余种不同风格的地图，可与众多地图系统无缝对接，满足不同场景的需求。用户在 GeoHey 官网注册登录后，在"数据资源"中可以上传 Excel、CSV、SHP（zip 压缩包）、GeoJSON、KML、GPX 等格式的数据，在"我的项目"中选择"数据上图"即可新建项目，单击"数据"→"添加数据"可以添加数据，修改颜色、符号等细节后，在地图选项中选择不同风格的地图作为底图，以及地图名称、地图描述、分享页面等，GeoHey 会提供已共享地图的二维码。此外，GeoHey 还提供了 JavaScript SDK、HTTP API、API.JS 等应用开发工具。GeoHey 官网提供的一个案例如图 1-15 所示。

图 1-15　GeoHey 官网提供的一个案例

1.1.2.8　GeoQ 简介

GeoQ 是地理平台服务提供商捷泰天域推出的一款位置智能平台，用户在 GeoQ 官网注册登录后，即可新建地图。GeoQ 在用户新建地图时有多种底图可供选择，并可以加载本地 Excel、CSV 表格文件及 zip 压缩形式的 Shapefile 文件，还能设置各种地图控件，提供多种业务查询与交互分析工具插件。GeoQ 新建地图的页面如图 1-16 所示。

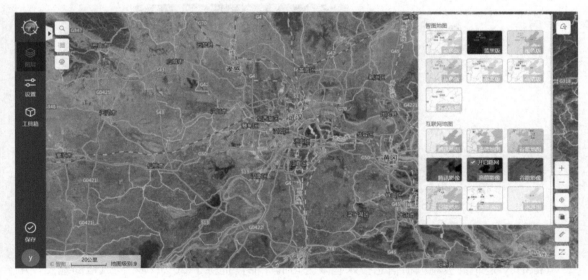

图 1-16　GeoQ 新建地图的页面

1.1.3　开发包

除了以上不需要编程即可实现地图可视化的操作软件和在线网站，还有一些开发包，用户在这些开发包的基础上，通过编程也可以实现地图可视化。相较而言，使用开发包可以更加灵活、自由地实现地图可视化。本节将介绍常用的开发包。

1.1.3.1　Leaflet 简介

Leaflet 是一款开源的轻量级交互式地图可视化 JavaScript 库，能够满足大多数开发者的地图可视化需求，其最早的版本大小仅仅 38 KB。Leaflet 能够在主流的计算机或移动设备上高效运行，其功能可通过插件进行扩展，拥有易于使用的、文档完善的 API，提供了简单、可读性高的源代码。Leaflet 官网提供了一系列在线教程，如图 1-17 所示，本书将重点对基于 Leaflet 的在线交互式地图可视化进行介绍。

Leaflet Tutorials

Every tutorial here comes with step-by-step code explanation and is easy enough even for beginner JavaScript developers.

Leaflet Quick Start Guide

A simple step-by-step guide that will quickly get you started with Leaflet basics, including setting up a Leaflet map (with Mapbox tiles) on your page, working with markers, polylines and popups, and dealing with events.

Leaflet on Mobile

In this tutorial, you'll learn how to create a fullscreen map tuned for mobile devices like iPhone, iPad or Android phones, and how to easily detect and use the current user location.

图 1-17　Leaflet 官网提供的在线教程（来源：Leaflet 官网）

1.1.3.2　Mapbox 简介

Mapbox 不仅提供了 Mapbox Studio 这种在线可视化工具，还提供了面向网页端、移动端、增强现实和无人驾驶的开源开发包，能够帮助用户在现有的产品中实现灵活、轻量、稳定的地图查询、搜索、导航等位置功能的无缝添加。其中，Mapbox 提供了两个面向网页端的开源 JavaScript 库，其中一个是封装在 Leaflet 之上的 Mapbox.js，它是 Leaflet 的一个插件；另一个是 Mapbox GL JS，使用了由 WebGL 渲染的矢量瓦片来源和 Mapbox 风格的交互式地图，能够实现二、三维地图可视化。Mapbox GL JS 是 Mapbox GL 生态系统的一部分，该生态系统还包括 Mapbox Mobile。Mapbox Mobile 是一个采用 C++语言编写的兼容网页端和移动平台的渲染引擎。从 Mapbox 官网可以看出，在面向网页端的开发工具中，目前主推 Mapbox GL JS。Mapbox 正在大举进军中国市场，在国内已建立对应的中文官网。与 Mapbox 类似的开发包还有 CARTO 开发工具、Here 开发工具等。我们 GeoVISLAB 团队基于 Mapbox GL JS 研发的室内地图编绘系统如图 1-18 所示。

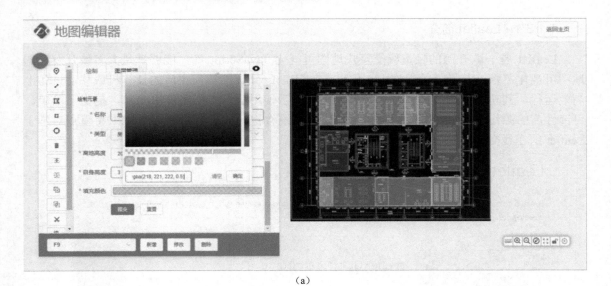

图 1-18　中国地质大学（武汉）GeoVISLAB 团队基于 Mapbox GL JS 研发的室内地图编绘系统

1.1.3.3　Deck.gl 和 kepler.gl 简介

Uber 的可视化团队近些年推出了一套开源的可视化框架，其中，Deck.gl 是基于 WebGL 的地理大数据可视化框架，其官网示例如图 1-19 所示；kepler.gl 建立在 Mapbox GL 和 Deck.gl 之上，是一个高性能的、开源的、用于探索大规模地理位置数据集的地理空间分析工具，其官网示例如图 1-20 所示。kepler.gl 支持 CSV、JSON、GeoJSON 三种数据格式。

图 1-19　Deck.gl 示例（来源：Deck.gl 官网）

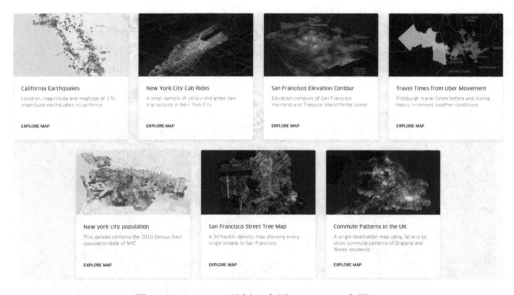

图 1-20　kepler.gl 示例（来源：kepler.gl 官网）

1.1.3.4　Openlayers 简介

Openlayers 可以让用户轻松地在任何网页上放置动态地图，显示任何来源的地图瓦片、矢量数据或标记。Openlayers 是完全免费的开源 JavaScript 库，Openlayers 官网提供了丰富的示例和说明文档。和 Leaflet 一样，Openlayers 在国内已经积累了大量的 WebGIS 用户。我们 GeoVISLAB 团队与宾夕法尼亚州立大学 GeoVISTA 中心基于 Openlayers 开发的 Tag Map Explorer 如图 1-21 所示，相关技术详见文献[4-5]。

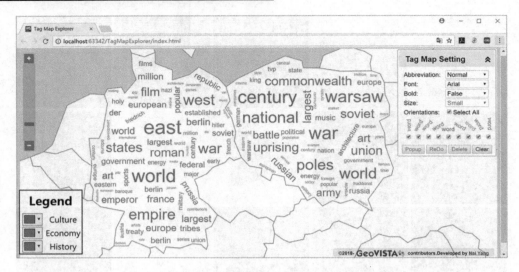

图 1-21　基于 Openlayers 研发的标签地图可视化系统 Tag Map Explorer

1.1.3.5　Cesium 简介

Cesium 是一个快速、简单、端到端的三维地理空间数据可视化与分析平台，旨在构建世界级的三维地理空间应用。Cesium 提供了开源的三维地图可视化 JavaScript 库，可以在网页端显示海量三维模型数据、影像数据、地形高程数据、矢量数据、时序数据等，目前在国内 3D WebGIS 领域应用较广。进入 Cesium 官网后，可以查看详细的开发帮助文档。我们 GeoVISLAB 团队基于 Cesium 研发的三维基础地理信息平台如图 1-22 所示。

图 1-22　中国地质大学（武汉）GeoVISLAB 团队基于 Cesium 研发的三维基础地理信息平台

1.1.3.6　D3.js 简介

从严格意义上讲，D3.js 并不是专为地图可视化而生的。作为最流行的数据可视化库之一，

D3.js 提供了通用的图表可视化功能，地图可视化只是其重要的功能组成部分之一。D3 源自 Data-Driven Documents 三个单词的首字母，顾名思义，是一个被数据驱动的文档。D3.js 允许用户将任何数据绑定到 DOM（Document Object Model），利用 HTML、SVG 和 CSS 将数据驱动转换应用到文档中。例如，给定一个数组，用户既可以利用 D3.js 创建一个 HTML 表格，也可以利用 D3.js 创建一个交互式的 SVG 条形图。D3.js 犹如为用户提供了一个画笔，可以灵活地绘制各种图表。正因如此，本书将 D3.js 作为专题地图图表可视化的重要工具进行介绍，此外，还将简要介绍其地图可视化功能。D3.js 官网地图示例如图 1-23 所示。

Choropleth　　　　　　　Bivariate choropleth　　　　　　　State choropleth

图 1-23　D3.js 官网地图示例（来源：D3.js 官网）

1.1.3.7　AntV L7 简介

AntV 是蚂蚁金服推出的全新一代数据可视化解决方案，致力于提供一套简单方便、专业可靠、无限可能的数据可视化最佳实践。AntV L7 是由蚂蚁金服 AntV 数据可视化团队推出的基于 WebGL 的开源大规模地理空间数据可视分析开发框架。AntV L7 中的 L 代表 Location，7 代表世界七大洲，寓意能为全球位置数据提供可视分析的能力。AntV L7 以图形符号学为理论基础，将抽象复杂的空间数据转化成 2D、3D 符号，通过颜色、大小、体积、纹理等视觉变量实现丰富的可视化表达[6]。AntV L7 官网提供的图表示例如图 1-24 所示，从提供的图表示例可以了解 AntV L7 能够实现的地图可视化功能。

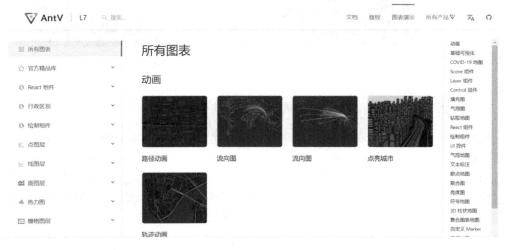

图 1-24　AntV L7 官网提供的图表示例（来源：AntV L7 官网）

1.1.3.8　GeoHey JavaScript SDK 简介

GeoHey 除了提供了零编程的地图可视化平台，也提供了 JavaScript 开发包。根据 GeoHey 官网的介绍，GeoHey JavaScript SDK 是一个面向移动互联网时代，遵循移动优先、向下兼容、保持轻量原则的地图 SDK。除了一般地图 SDK 的功能，GeoHey JavaScript SDK 还具有以下特性：

（1）针对视网膜屏进行了兼容和优化。

（2）与微信等轻应用平台实现了无缝融合。

（3）支持地图无级缩放。

（4）支持地图旋转。

（5）支持大数据量的显示。

（6）可以在地图上添加图表、视频等内容。

（7）特有的 3D 模式，能够通过 WebGL 技术展示炫酷的三维图形。

（8）提供了第三方地图服务集成、聚类、热图、动态目标等多种扩展模块。

通过 GeoHey 官网提供的开发帮助文档和示例，用户可以了解 GeoHey JavaScript SDK 的开发过程。GeoHey 全球风场图示例如图 1-25 所示。

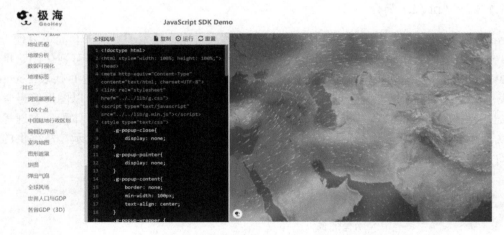

图 1-25　GeoHey 全球风场图示例（来源：GeoHey 官网）

1.1.3.9　天地图、高德、百度、腾讯等地图 API 简介

天地图是国家基础地理信息中心建设的网络化地理信息共享与服务门户，集成了来自国家、省、市（县）各级测绘地理信息部门，以及相关政府部门、企事业单位、社会团体、公众的地理信息公共服务资源，向各类用户提供权威、标准、统一的在线地理信息综合服务[7]。天地图代表了地图服务的"国家队"，提供了多种地图和数据服务。其中，天地图 JavaScript API 4.0 开源库是一套基于天地图 HTML5 API 二次开发的开源代码库，提供了与可视化库 D3.js 的快速集成、热力图、轨迹跟踪动画、海量密集点绘制等功能。相对应地，作为"商业队"的几个典型代表，高德地图、百度地图、腾讯地图等均对外免费开放了由 JavaScript 语言编写的 API，对外开放的功能可通过提供的官方文档进行了解，其中，高德地图 API 概述如图 1-26

所示，百度地图 API 产品简介如图 1-27 所示。

图 1-26　高德地图 API 概述（来源：高德开放平台官网）

图 1-27　百度地图 API 产品简介（来源：百度地图开放平台官网）

　　此外，百度地图还专门推出了地理信息可视化开源库 MapV；腾讯地图推出了位置服务数据可视化 API——Javascript API GL，这是一款基于 WebGL 技术打造的 3D 版地图 API，同时还同步推出了基于 Javascript API GL 的位置数据可视化 API 库。华为目前也正在地图可视化领域进行布局。

1.1.3.10　ECharts 简介

　　ECharts 是国内数据可视化领域的新宠，一经推出便广受关注。和 D3.js 一样，ECharts 也是一个通用的图表可视化工具，并不是专门为地图可视化而生的，地图可视化只是其重要的功能组成部分之一，ECharts 也可以用于专题地图的图表可视化。与 D3.js 相比，ECharts 的学习成本更低，开发更容易上手，但只能在已经绘制好的图表上进行修改，难以实现灵活定制。前文将 D3.js 比喻为画笔，用户可以进行创作，ECharts 则相当于模板，用户只能进行仿制，但也足以胜任诸多数据可视化的任务。与 ECharts 类似的产品还有 Google Charts、Highcharts 等。ECharts 二、三维地图可视化如图 1-28 所示。

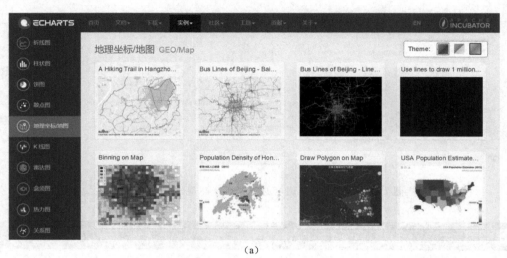

（a）

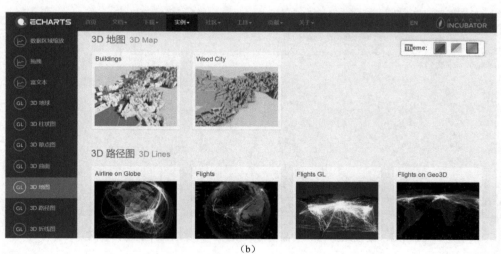

（b）

图 1-28　ECharts 二、三维地图可视化（来源：ECharts 官网）

1.2　常用的地理数据类型

地图可视化的过程实际上是地理数据向地图语言（地图符号、地图注记）的转化过程，因此，地图可视化离不开地理数据，没有地理数据，地图制作者将陷入巧妇难为无米之炊的境地。当前，地理数据来源众多，不论矢量数据还是栅格数据，其存储格式都是多种多样的。作为 X/MIT 许可协议下的开源矢量、栅格空间数据转换库，GDAL（Geospatial Data Abstraction Library）详细列举了目前的地理数据类型，其中，矢量数据的类型有 98 种，栅格数据的类型有 167 种。但常用的地理数据类型并不多，所有的 GIS 基础平台软件（如 ArcGIS、MapGIS、SuperMap 等）都提供了常用数据类型的转换功能。此外，Mapshaper 网站提供了常用矢量数据类型的在线转换功能，支持 Shapefile、GeoJSON、TopoJSON、DBF 和 CSV 等类型数据的转换，转换后的格式包括 Shapefile、GeoJSON、TopoJSON、JSON、CSV、SVG 等。geojson.io 网站提供了 GeoJSON、TopoJSON、GTFS、KML、CSV、GPX、OSM XML 等类型数据的地图在线预览、绘制、编辑、查看、共享等功能，支持将数据存储为 GeoJSON、TopoJSON、CSV、KML、WKT、Shapefile 等类型。geojson.io 网站界面如图 1-29 所示。

图 1-29　geojson.io 网站界面（来源：geojson.io 官网）

1.2.1　Shapefile

使用过 ArcGIS 系列软件的用户对 Shapefile 格式的文件一定不会陌生，Shapefile 是 Esri 公司推出的一种矢量数据存储格式，是一种用于存储地理要素的位置、形状和属性的非拓扑简单格式。Shapefile 文件中的地理要素可通过点、线或面（区域）来表示，可将地理要素存储为一组相关的文件，并包含一个地理要素类[8-9]。这组相关的文件存储在同一项目的工作空间，由三个或更多使用特定扩展名的文件来定义地理要素的位置、形状和属性[10]。这些文件包括：

（1）.shp：用于存储地理要素几何的主文件，必需的文件。

（2）.shx：用于存储地理要素几何索引的索引文件，必需的文件。

（3）.dbf：用于存储地理要素属性信息的 dBASE 表，必需的文件。

（4）.sbn 和.sbx：用于存储地理要素空间索引的文件。

（5）.fbn 和.fbx：用于存储只读 Shapefile 的地理要素空间索引的文件。

（6）.ain 和.aih：用于存储某个表中或专题属性表中活动字段属性索引的文件。

（7）.atx：.atx 文件是针对在 ArcCatalog 中创建的各个 Shapefile 或 dBASE 属性索引而创建的。ArcGIS 不使用 Shapefile 和 dBASE 文件的 ArcView GIS 3.x 属性索引，已为 Shapefile 和 dBASE 文件开发了新的属性索引建立模型。

（8）.ixs：读/写 Shapefile 的地理编码索引。

（9）.mxs：读/写 Shapefile（ODB 格式）的地理编码索引。

（10）.prj：用于存储坐标系信息的文件，由 ArcGIS 系列软件使用。

（11）.xml：ArcGIS 的元数据，用于存储 Shapefile 的相关信息。

（12）.cpg：可选文件，指定标识使用的字符集的代码页。

几何与属性是一对一关系，这种关系是基于记录编号的。dBASE 属性记录必须与.shp 主文件中的记录采用相同的顺序。Shapefile 格式的文件至少包括以.shp、.shx、.dbf 为扩展名的三个相关文件。以上所有文件必须具有相同的前缀，例如，roads.shp、roads.shx 和 roads.dbf[9]。

1.2.2　JSON

JSON（JavaScript Object Notation）是一种轻量级的数据交换格式，不仅易于人们阅读和编写，也易于机器解析和生成。JSON 是 JavaScript 语言（ECMA-262 标准第 3 版，1999 年 12 月）的一个子集，采用了完全独立于 JavaScript 语言的文本格式，但也使用了类 C 语言（包括 C、C++、C#、Java、JavaScript、Perl、Python 等）的习惯。这些特性使 JSON 成为理想的数据交换语言[11]，当然，JSON 也可以被用于存储地理信息。JSON 文件的扩展名为.json。

JSON 是一种将数据组织为 JavaScript 对象的特定语法，该语法针对 JavaScript 和 AJAX 请求进行了优化，这就是为什么用户会看到许多基于 Web 的 API 会返回格式化为 JSON 的数据[12]。JSON 可以表示以下三种类型的值[13-14]：

1）简单值

包括字符串、数值、布尔值和 null。其中，字符串（String）是由双引号包围的任意数量 Unicode 字符的集合，使用反斜线转义。一个字符（Character）实际上是一个单独的字符串（Character String）。JSON 不支持 JavaScript 中的特殊值 undefined。

2）对象

作为一种复杂数据类型，对象表示一个无序的"属性／值对"集合。一个对象以"{"（左花括号）开始，以"}"（右花括号）结束。每个"属性"后跟一个"："（冒号），"属性／值对"之间使用"，"（逗号）分隔。值得注意的是，JSON 中没有变量的概念，JSON 中的对象要求给属性加双引号，以下是一个简单的 JSON 对象示例，其中，属性"城市名称""省份""学校""名称""创建年份"等必须由双引号包围。属性对应的值既可以是简单值，也可以是复杂类型值，如"学校"属性对应的值是一个由两个对象组成的数组。

```
1.  {
2.      "城市名称":"武汉",
3.      "省份":"湖北",
4.      "学校":[
5.          {
6.              "名称":"中国地质大学（武汉）",
7.              "创建年份":1952
8.          },
```

```
9.              {
10.                "名称":"武汉大学",
11.                "创建年份":1893
12.            }]
13. }
```

3）数组

数组也是一种复杂数据类型，表示一组有序值的列表，一个数组以"["（左方括号）开始，以"]"（右方括号）结束。数组中的值之间使用","（逗号）分隔，既可以是简单值、对象或数组等任意类型，也可以通过数值索引来访问。JSON 中的数组也没有变量和分号，字符串离不开双引号，数组和对象可以结合起来构成更加复杂的数据集合。如上述 JSON 对象中的数组包含了两个学校对象，每个对象都有几个属性，这些属性可以扩展，属性值还可以嵌套简单值、对象或数组。

针对 JSON 语法的一些小细节容易被忽视的问题（如字符串需要有双引号），网络上有大量用于 JSON 校验、格式化的工具，如 JSON 中国提供的 JSON 在线编辑工具（见图 1-30）、JSONLint 验证工具。选择其中一款工具后，将 JSON 数据复制、粘贴至文本框，根据提示选择相应的按钮就可以实现 JSON 数据的检验和解析，并能对 JSON 数据进行修改和完善。

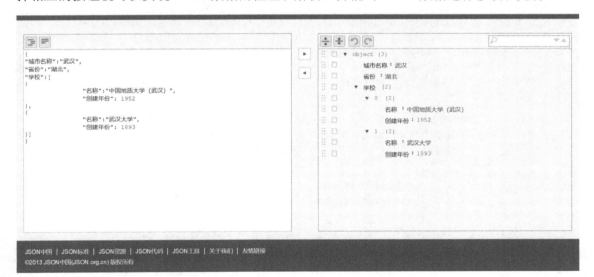

图 1-30　JSON 中国提供的 JSON 在线编辑工具

1.2.3　GeoJSON

上文提到，JSON 可以被用于存储地理数据。但严格来讲，JSON 并不是一个专门针对地理数据的数据存储格式。随着地理信息的广泛应用，专为存储地理数据的 GeoJSON 应运而生。

GeoJSON 是 JSON 对象的一种形式化语法，是一种可以对各种地理数据结构进行编码的地理空间信息数据交换格式，是 JSON 的子集，所有的 GeoJSON 对象都是 JSON 对象[11,15]。GeoJSON 文件的扩展名为.geojson，当然，也可以是.json。

GeoJSON 支持的几何类型包括点（Point）、线（LineString）、面（Polygon）、多点

（MultiPoint）、多线（MultiLineString）和多面（MultiPolygon）等，几何类型的数据及其属性组成了 Feature 对象，多个 Feature 对象组成了 FeatureCollection 对象。一个简单的 GeoJSON 对象示例如下：

```
1.   {
2.        "type": "FeatureCollection",
3.        "features": [
4.            {
5.                "type": "Feature",
6.                "properties": {
7.                    "名称": "黄鹤楼"
8.                },
9.                "geometry": {
10.                   "type": "Point",
11.                   "coordinates": [
12.                       114.28832530975342,
13.                       30.5494187868479
14.                   ]
15.               }
16.           },
17.           {
18.               "type": "Feature",
19.               "properties": {
20.                   "名称": "武汉长江大桥"
21.               },
22.               "geometry": {
23.                   "type": "LineString",
24.                   "coordinates": [
25.                       [
26.                           114.27703857421875,
27.                           30.55531345855708
28.                       ],
29.                       [
30.                           114.2878532409668,
31.                           30.54936334936473
32.                       ]
33.                   ]
34.               }
35.           },
36.           {
37.               "type": "Feature",
38.               "properties": {
39.                   "名称": "长江"
40.               },
41.               "geometry": {
42.                   "type": "Polygon",
43.                   "coordinates": [
```

```
44.                    [
45.                        [
46.                            114.27864789962769,
47.                            30.55535041461725
48.                        ],
49.                        [
50.                            114.28817510604858,
51.                            30.550619924542477
52.                        ],
53.                        [
54.                            114.2887759208679,
55.                             30.551950398178025
56.                        ],
57.                        [
58.                            114.2793345451355,
59.                            30.55668082341114
60.                        ],
61.                        [
62.                            114.27864789962769,
63.                            30.55535041461725
64.                        ]
65.                    ]
66.                ]
67.            }
68.        }
69.    ]
70. }
```

在上述的 GeoJSON 对象示例中，"type" 属性值是 "FeatureCollection"，也就是说该对象是一个 FeatureCollection 对象；紧跟着的 "features" 属性值是一个数组，由三个对象组成，这三个对象的 "type" 属性值都是 "Feature"。也就是说这三个对象都是 Feature 对象，其名称可以从 "properties" 属性中的 "名称" 属性得到，分别是 "黄鹤楼""武汉长江大桥""长江"。三个 Feature 对象的几何类型可以从 "geometry" 属性对象中的 "type" 属性得到，分别是 "Point"（点）、"LineString"（线）和 "Polygon"（面）。从 "geometry" 属性中的 "coordinates" 属性可以看出，点要素的几何形态由一个坐标对组成，经度在前、纬度在后；线要素的几何形态则由两个连续的坐标对组成；面要素的 "coordinates" 必须是一个由线环（Linear Ring）坐标数组组成的数组。所谓线环，是指首尾相连的封闭线，由至少 4 个点坐标对组成，且首尾的两个坐标对必须相同。对于包含洞的面，数组里面第一个线环元素必须是外环的，即外轮廓，坐标对按逆时针方向连接，其余的线环元素必须是内环的，即洞的轮廓，坐标对按顺时针方向连接。以上 GeoJSON 对象示例在 geojson.io 网站的预览效果如图 1-31 所示，在该网站的页面左侧可以看到三个 Feature 对象在地图上的位置。

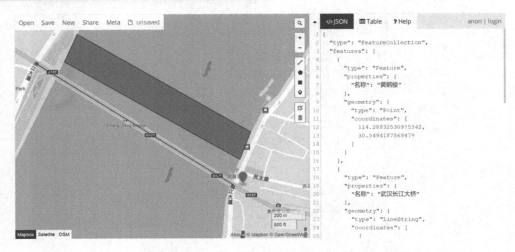

图 1-31　本节的 GeoJSON 对象示例在 geojson.io 网站的预览效果

多点（MultiPoint）、多线（MultiLineString）和多面（MultiPolygon）分别由多个点、线、面坐标对组成的数组构成。更多 GeoJSON 文件格式的规范可参见 RFC 7946。

1.2.4　TopoJSON

TopoJSON 是一种基于 GeoJSON 的拓扑地理空间数据交换格式[16]。TopoJSON 和 GeoJSON 一样，都是专门针对地理数据的存储而设计的，TopoJSON 是 GeoJSON 的扩展，其文件扩展名为.topojson。和 GeoJSON 不一样的是，TopoJSON 存储的不再是一个个独立的要素个体，而是对地理要素之间的拓扑关系进行了编码，各要素的几何形态通过被称为 arcs 的共享线段缝合在一起，这个技术和 Arc/Info 的输出格式.e00 类似[17]。这样，两个地理要素之间的相邻关系就被存储了。例如，湖北省和河南省这两个相邻的省份，如果用 GeoJSON 存储这两个行政区划的地理数据，那么对于两个省份紧挨着的独立面（Polygon）要素，组成这个独立面的所有点坐标都要被分别存储，这将导致数据存储冗余，因为湖北省和河南省共享一条很长的境界线，组成这条境界线的所有点坐标将在湖北省和河南省的两个面对象中分别存储一次。此外，GeoJSON 并不清楚湖北省和河南省是空间相邻的，而且还共享一条境界线。在 TopoJSON 文件中，湖北省和河南省之间的境界线只会被记录一次，两个省份之间的相邻关系也被保存下来。显然，TopoJSON 消除了冗余，其文件大小可减少 80%甚至更多。由于拓扑关系（如邻接、关联、包含等）是 GIS 空间分析的基础，因此对拓扑关系进行了编码的 TopoJSON 文件更加便于执行一些空间分析操作。

作为 GeoJSON 的扩展，TopoJSON 支持的几何类型包括点（Point）、线（LineString）、面（Polygon）、多点（MultiPoint）、多线（MultiLineString）、多面（MultiPolygon）和几何集合（GeometryCollection，由多个几何对象组成）等。一个简单的 TopoJSON 对象示例如下：

```
1.  {
2.      "type": "Topology",
3.      "objects": {
4.          "example": {
5.              "type": "GeometryCollection",
```

```
6.              "geometries": [
7.                  {
8.                      "type": "Point",
9.                      "properties": {
10.                          "prop0": "value0"
11.                      },
12.                      "coordinates": [102, 0.5]
13.                  },
14.                  {
15.                      "type": "LineString",
16.                      "properties": {
17.                          "prop0": "value0",
18.                          "prop1": 0
19.                      },
20.                      "arcs": [0]
21.                  },
22.                  {
23.                      "type": "Polygon",
24.                      "properties": {
25.                          "prop0": "value0",
26.                          "prop1": {
27.                              "this": "that"
28.                          }
29.                      },
30.                      "arcs": [[-2]]
31.                  }
32.              ]
33.          }
34.      },
35.      "arcs": [
36.          [[102, 0], [103, 1], [104, 0], [105, 1]],
37.          [[100, 0], [101, 0], [101, 1], [100, 1], [100, 0]]
38.      ]
39. }
```

　　上述的 TopoJSON 对象示例在 geojson.io 网站加载后会自动转为 GeoJSON 格式，加载了 TopoJSON 数据的效果如图 1-32 所示。

　　和 GeoJSON 对象示例不一样的是，TopoJSON 对象示例中的"type"属性标识的是"Topology"对象，这在 TopoJSON 对象示例中是必不可少的。TopoJSON 对象由单个拓扑对象组成，可包含任意数量的几何对象，因此，必须有一个名为"objects"的属性，其值是一系列几何对象，这些几何对象的"type"属性值可以是"Point""MultiPoint""LineString""MultiLineString""Polygon""MultiPolygon""GeometryCollection"。除此之外，TopoJSON 对象还必须有一个名为"arcs"的属性，从上文的介绍可知，TopoJSON 对象记录的拓扑关系是通过"arcs"来体现的，其值是一个由多个 arc 组成的数组，每个 arc 必须至少由两个坐标对数组组成。在具体几何对象中，"arcs"中的每个 arc 通过数字索引包含到拓扑结构阵列中，

25

如数字 0 指的是第一个 arc，数字 1 指的是第二个 arc，以此类推。当数字索引为负值时，数字－1 指的是第一个 arc 的反转弧，数字－2 指的是第二个 arc 的反转弧，以此类推。对于"Polygon"类型的几何对象，"arcs"成员必须是"LinearRing"类型弧的数字索引组成的数组，"LinearRing"必须由 4 个或更多个坐标对组成，第一个坐标对和最后一个坐标对必须相同，以便形成闭环。对于有多个环的多边形，第一个成员必须是外环，其他成员必须是内环或洞。除了以上几个必备的属性，TopoJSON 对象还可以有一个"transform"属性和"bbox"属性，其中"transform"属性提供了一套坐标变换方法，目的是通过将位置坐标表示为整数而不是浮点数来提高坐标串联的效率；"bbox"属性用于描述拓扑或几何对象的坐标范围。

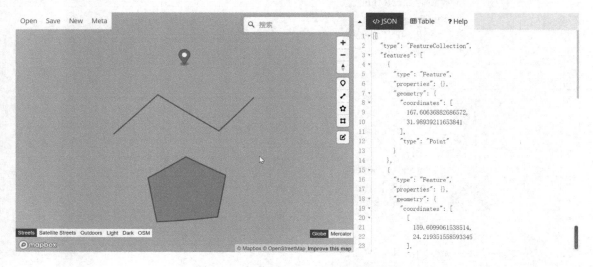

图 1-32　加载了 TopoJSON 数据的效果

对于组成 TopoJSON 对象的几何对象，和 GeoJSON 语法上也有差异。对于"Point"和"MultiPoint"对象，必须有一个"coordinates"属性，而对于"LineString""MultiLineString""Polygon""MultiPolygon"对象，则必须有一个名为"arcs"的属性，其几何形态必须由 arcs 来创建，每个 arc 由索引指向 TopoJSON 对象的 arcs 数组成员。通过上文介绍的几个网站可以完成 TopoJSON 和 GeoJSON 数据格式的相互转换。

1.2.5　CSV

和 JSON 一样，CSV（Comma Separated Values）也不是一种专门用于处理地理数据的格式，但可以被用于存储地理数据，如存储经纬度坐标值。CSV 通常被翻译为逗号分隔值，但由于用于分隔的字符不一定是逗号，因此也被翻译为字符分隔值。CSV 文件的扩展名为.csv，以纯文本的形式存储表格数据（数字和文本）。尽管 CSV 文件已被广泛应用，但还没有一个正式的规范，常用的是由 RFC 4180 定义的规范[18]。一个简单的 CSV 文件数据如下：

```
1.  名称，经度，纬度
2.  黄鹤楼，114.288325，30.549418
3.  中国地质大学（武汉）未来城校区，114.612056，30.460226
```

如果读者熟悉 Microsoft Office Excel 软件，那么就会容易理解 CSV 文件。从以上 CSV 文件数据可以看出，CSV 文件是由一条或多条记录组成的，每条记录位于一行，记录间以某种换行符分隔，最后一条记录可以没有换行符。每条记录由字段组成，字段间的分隔符是其他字符或字符串，最常见的是逗号或制表符，本节给出的示例以逗号作为字段间的分隔符。值得注意的是，空格被认为是字段的一部分，不能作为分隔符。此外，每条记录最后一个字段后面不能再跟分隔符。第一行记录可以是标题行，类似 Excel 表格的表头，和其他行中的字段一一对应，用于说明每个字段的含义，类似 Excel 表格各列的列名，如本节给出的示例的第一行，该行的各个字段说明其他两行记录的分别是地点名称、地点经度和地点纬度。通常，所有记录都有完全相同的字段序列，如在本节给出的示例中，每条记录都由 3 个字段构成，除了第一行，其他各行第一个字段都是汉字，后面两个字段都是数字。字段中可以包含双引号，也可以不包含双引号，如果某个字段内部出现了换行符、双引号或分隔符，则需要将该字段用双引号包围起来。CSV 文件可以通过 Microsoft Office Excel、记事本等工具来浏览和编辑。

1.2.6 KML

KML（Keyhole Markup Language，Keyhole 标记语言）是一种基于 XML 的文件格式，可用于表示一些应用程序（如 Google Earth、ArcGIS Earth、Google Maps）中的地理要素。KML 最初由 Google 旗下的 Keyhole 公司开发和维护，利用 XML 文件格式描述地理空间数据（如点、线、面、多边形和模型等），适合网络环境下的地理信息协作与共享。2008 年 4 月，KML 2.2 版被 OGC（Open Geospatial Consortium，开放地理空间信息联盟）宣布为开放地理信息编码标准，并改由 OGC 维护和发展[19]。

KML 允许用户在地图与球面上绘制点、线和面，并指定文本、图片、视频或者用户单击要素后出现其他 GIS 服务的链接[20]。KML 已成为一种与非 GIS 用户共享地理空间数据的通用格式，因为 KML 文件可以很容易地在互联网上传输，并在许多应用程序中浏览显示，如 Google Earth、Google Maps、Google Maps 移动版、NASA WorldWind、ESRI ArcGIS Explorer、Adobe PhotoShop、AutoCAD 和 Yahoo! Pipes 等[21]。

KML 文件扩展名为.kml 或.kmz，.kmz 文件是压缩过的.kml 文件，可以包含其他类型的文件，如链接的图片文件。KML 的详细语法可参考 Google 开发者官网，更多 KML 文件格式规范可参见 OGC 官网。

1.3 本章小结

本章主要介绍了一些常用的地图可视化工具，既包括零编程即可实现地图可视化的操作软件和在线网站，也包括需要编程才能实现地图可视化的一些开发包。随着技术的发展，能够用于地图可视化的工具将会越来越多，功能也会越来越强大。这些工具各具特色，可根据实际需要，选择本章介绍的一些资源详细学习。此外，本章还介绍了一些常用的地理数据类型，随着国内外开放数据力度的加大，在互联网上能够找到很多这些类型的共享数据，可为地图可视化源源不断地输送"粮草"。掌握了本章介绍的任何一款工具及其支持的数据类型后，地图可视化之旅就可以正式开启了。

第 **2** 章

Web 开发基础

当前我们正处在一个互联网时代，越来越多的地图成果都是通过互联网来共享的。甚至有人说，地理空间数据的可视化未来在于互联网。那么，如何将地图"搬运"到互联网上呢？第 1 章介绍的地图可视化工具都可以实现这一目的，但要使地图可视化之旅插上"翅膀"，开发者还必须有一定的网络编程的基础，尤其是需要了解 HTML、CSS、JavaScript 等网页设计语言和技术，这样有利于在第 1 章介绍的开发包的基础上实现地图可视化的灵活定制。本章将简要介绍 Web 开发基础，已具备 Web 开发基础的读者，可略过本章。

2.1 HTML 开发基础

2.1.1 HTML 文档的基本结构

HTML 的英文全称是 Hypertext Markup Language，即超文本标记语言。HTML 是搭建网页的基础语言，它不是一种编程语言，而是一种描述性的标记语言，通过使用由<标记符>组成的标记标签来描述网页，其最基本的语法是：

```
1.  <标记符>
2.      内容
3.  </标记符>
```

标签通常是成对使用的，标签对中的第一个标签是开始标签，第二个标签是结束标签，结束标签是在开始标签的标记符前面加一个斜杠"／"，开始标签到结束标签之间的所有代码共同组成了一个 HTML 元素。作为一款标记语言，HTML 本身并不能显示在浏览器中，浏览器接收到 HTML 文档后，会对其中的标签进行解译，但并不会显示 HTML 标签，解译后才能在网页上正确反映 HTML 标记语言的内容[22]。

HTML 文档是一个扩展名为.html 的纯文本文件，实际上就是大家经常见到的网页。既然 HTML 文档是纯文本文件，那么就可以用常见的文本编辑器来编辑 HTML 文档，如记事本。HTML 文档包含 HTML 标签和纯文本，其基本结构如下所示：

```
1.  <!DOCTYPE html>
```

```
2.   <html>
3.      <head>
4.         <title>文档头部</title>
5.      </head>
6.      <body>
7.         文档主体
8.      </body>
9.   </html>
```

HTML 定义了以下 4 种基础标签，用于描述网页的整体结构[21]。

2.1.1.1 <!DOCTYPE>标签

<!DOCTYPE>标签必须位于 HTML 文档的第一行，即位于<html>标签之前。<!DOCTYPE>标签用于告诉浏览器开发者的 HTML 版本[23]，也就是告知浏览器 HTML 文档使用的 HTML 规范[21]，例如在 HTML 的最新版本 HTML5 中需要添加"<!DOCTYPE html>"。值得注意的是，<!DOCTYPE>标签声明对大小写不敏感。和其他标签不一样的是，<!DOCTYPE>标签没有结束标签。

2.1.1.2 <html>与</html>标签

<html>标签可告知浏览器其自身是一个 HTML 文档，一般放在 HTML 文档的开头和<!DOCTYPE>标签之后，表示 HTML 文档的开始。</html>标签表示 HTML 文档的结束。

2.1.1.3 <head>与</head>标签

<head>出现在 HTML 文档的起始部分，紧跟在<html>标签之后，并处于<body>标签或<frameset>标签之前，用于标明文档的头部信息，一般包括标题和主题信息。下面这些标签可嵌套在<head>与</head>之间：<base>、<link>、<meta>、<script>、<style>和<title>。<title>标签用于定义 HTML 文档的标题，它是头部中唯一必需的元素。</head>标签表示 HTML 文档头部的结束。

2.1.1.4 <body>与</body>标签

<body>标签用来定义 HTML 文档的主体，网页所有要显示的内容（如文本、超链接、图像、表格和列表等）都放在这个标签内，</body>标签表示主体部分的结束。

除了上述的 4 个基础标签，HTML 还提供了大量用于格式、表单、框架、图像、音频/视频、链接、列表、表格、样式、节、元信息、编程等的标签，这些标签组成的 HTML 元素大多数都可以嵌套，即可以包含其他 HTML 元素。实际上，HTML 文档就是由嵌套的 HTML 元素构成的。例如，在 2.1.1 节给出的 HTML 文档基本结构中，title 元素作为 head 元素的内容嵌套在 head 元素中。在浏览器中打开任何一个网页时，在空白处单击鼠标右键，在弹出的右键菜单中选择"查看网页源代码"，就可以查看到组成该网页的所有 HTML 元素结构。此外，HTML 文档的标签对大小写不敏感，万维网联盟（W3C）在 HTML4 中推荐使用小写，在将来的版本中将强制使用小写[24]，因此，建议使用小写。

2.1.2　HTML 元素的属性

2.1.2.1　HTML 元素属性的结构

所有的 HTML 元素都可以在开始标签中以名称 / 值对的形式指定属性，用于提供关于该元素的更多信息，例如：

```
1.  <a href="http://www.geovislab.cn">这是一个超链接</a>
```

在指定 HTML 元素的属性时，首先在开始标签中添加属性名称，然后用 "=" 为该属性赋予属性值。属性值包含在一对双引号内（若属性值本身含有双引号，则必须使用一对单引号包含该属性值）。例如，在上面的开始标签<a>中，增加了一个 href 属性，它的属性值是 "http://www.geovislab.cn"，由于<a>标签用于定义超链接，其 href 属性用于指示链接的目标，因此，上面的例子用于指向网页 http://www.geovislab.cn。大多数 HTML 元素都具备以下属性：class、id、style 和 title。一个 HTML 元素往往可以指定多个属性，不同的 HTML 元素具备不同的属性。到底可以为 HTML 元素赋予哪些属性呢？通过 W3School 官网的 "HTML 标签参考手册" 可以了解不同标签的 HTML 元素分别具有哪些属性。同 HTML 标签一样，HTML 元素的属性也建议使用小写。

2.1.2.2　class 属性和 id 属性

在 HTML 元素的诸多属性中，class 属性和 id 属性是用得最多的两个属性，无论在后面将要介绍的 CSS 代码还是 JavaScript 代码中，都需要通过 class 属性和 id 属性来识别、选择某类或某个 HTML 元素。

1）class 属性

class 属性规定了 HTML 元素的类名，其语法如下：

```
1.  <element class="value">
```

举例如下：

```
1.  <p>HTML 属性</p>
2.  <p class="intro1">关于 class 属性</p>
3.  <p class="intro1 intro2">class 属性规定了元素的类名</p>
```

<p>标签用于定义段落元素，上例定义了三个段落元素，第一个段落元素没有指定任何属性；第二个段落元素指定类名为 "intro1"；第三个段落元素指定了两个类名 "intro1" 和 "intro2"，两个类名之间用空格分开。这说明第二个段落元素和第三个段落元素都是 intro1 类的一个成员，如果 intro1 类还有其他成员，则可以通过类名 "intro1" 一起被选中进行相关操作，如统一修改段落元素的文字大小、颜色等。同时，第三个段落元素还是 intro2 类的一个成员，说明一个元素可以指定多个类，对 intro2 类的所有操作都将影响第三个段落元素。需要注意的是，class 属性不能在 base、head、html、meta、param、script、style 和 title 等 HTML 元素中使用，class 属性的属性值不能以数字开头。

2）id 属性

id 属性规定了 HTML 元素的唯一的 ID，其语法如下：

```
1.  <element id="value">
```

举例如下：

```
1.  <div id="map">
2.      <div id="tips"></div>
3.      <div id="label"></div>
4.  </div>
```

<div>标签用于定义 HTML 文档中的分区或节，是一个块级元素，可以把 HTML 文档分割为独立的、不同的部分，像一个容器一样，可以将不同的 HTML 元素放入分区或节中。上例定义了三个 div 元素，其中 id 为"tips"和"label"的两个 div 元素放置在 id 为"map"的 <div>容器内。和 class 属性不一样的是，每个元素只能有唯一的 ID，这个 ID 在 HTML 文档中也必须是唯一的，如同人的身份证一样，一个人只能有一张身份证，每个人的身份证号码都是唯一的，不能相同。有了 id 属性，就可以在专门针对某个元素的操作中，很便捷地找到该元素。同 class 属性一样的是，id 属性的属性值也不能以数字开头。

2.1.3 DOM

DOM 是 Document Object Model（文档对象模型）的缩写，把整个 HTML 文档映射为一个多层节点结构。例如，以下 HTML 文档（详见本书配套资源中的 2-1.html）：

```
1.  <!DOCTYPE html>
2.  <html>
3.      <head>
4.          <title>文档头部</title>
5.      </head>
6.      <body>
7.          <a href="http://www.geovislab.cn">超链接</a>
8.          <p>DOM 示例</p>
9.      </body>
10. </html>
```

在 DOM 中，上述的 HTML 文档可以通过如图 2-1 所示的分层节点图表示。

通过分层节点图可以将每个元素之间的关系很清晰地呈现出来。实际上，DOM 将 HTML 文档表达为一个层次化的节点树结构，其中 html 元素为根节点（根元素），head 元素和 body 元素是兄弟节点，body 元素则是 a 元素和 p 元素的父节点，所有元素都是 html 元素的子节点。

HTML DOM 符合 W3C 标准，定义了所有 HTML 元素的对象和属性，以及关于如何获取、修改、添加或删除 HTML 元素的 API。这样，开发者就可以获得控制网页内容和结构的主动权，借助 DOM 提供的 API，开发者可以轻松自如地修改、添加、替换或删除任何节点。

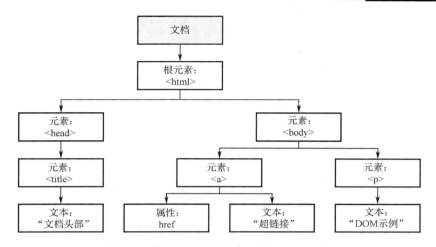

图 2-1　使用分层节点图表示的 HTML 文档

2.1.4　canvas

　　HTML 的元素中，canvas 元素用于在网页上绘制图形。很显然，显示在网页上的在线交互式地图也是绘制出来的，这也是本书将 canvas 元素单独作为一节进行介绍的原因。值得注意的是，<canvas>标签只是定义了一个图形容器，可以把它想象为一块画布，这块画布是一个矩形区域，在画布上绘制任何图形都需要借助 JavaScript 来进行。canvas 元素拥有多种绘制路径、矩形、圆形、字符以及添加图像的方法[25]，且对绘制的图形是逐像素进行渲染的，也就是栅格图形，因此，canvas 元素绘制图形将依赖于屏幕分辨率，且能够以.png 或.jpg 等栅格格式的图像存储。另外，值得注意的是，一旦在 canvas 元素中绘制完图形，如果要进行修改就需要重新绘制整个场景，这也意味着图形的各个组成元素形成了一个整体，无法独立为一个个对象，因此，也就不具备各个组成元素自身应有的事件处理能力。

　　canvas 元素要求至少设置 width 属性和 height 属性，以设置绘图区域的大小，例如：

```
1.  <canvas id="myCanvas" width="600" height="400"></canvas>
```

　　HTML 文档中 width 属性值和 height 属性值的默认单位为像素（px）。在 HTML 文档中添加以上 canvas 元素之后，就可以通过编写 JavaScript 代码在 600 px×400 px 的画布上进行绘制工作，后续章节将结合具体案例讲解通过 canvas 绘制图形的过程。

2.1.5　SVG

　　同 canvas 元素一样，SVG（Scalable Vector Graphics，可缩放矢量图形）元素也可以用于在网页上创建图形，但二者存在本质上的差异。从 SVG 的名字上也能看出，SVG 元素被用于定义基于矢量的图形，而不是像 canvas 一样逐像素进行渲染，因此，通过 SVG 元素绘制的图形并不依赖屏幕的分辨率，且绘制的图形在放大或改变尺寸的情况下都不会有质量损失。SVG 元素是基于可扩展标记语言（XML）格式来定义图形的，XML 和 HTML 类似，也是一种标记语言，这意味着通过 SVG 元素绘制的图形可以由一系列类似 HTML 标签代码来定义。也就是说，DOM 中的每个元素都是可用的，可以附加 JavaScript 事件处理器，图形中对应的各个组成元素都是相对独立的，均可被视为对象，当它们的属性发生变化时，浏览器能够自动重绘图形。

SVG 元素和其他元素一样，可以直接嵌入 HTML 文档中。和 canvas 元素一样，在通过 SVG 元素绘制任何图形之前，首先要创建 SVG 元素，并指定其 width 属性和 height 属性，以设置绘图区域的大小，例如：

```
1.  <svg width="500" height="50"></svg>
```

在<svg>标签与</svg>标签之间，可以嵌入很多可视化元素，包括圆形<circle>、矩形<rect>、椭圆<ellipse>、线条<line>、折线<polyline>、多边形<polygon>、文本<text>、路径<path>等，即 SVG 可以通过这些元素来绘制一些基本形状。与其他 HTML 元素一样，SVG 元素还可以通过相应的 CSS 样式来设置不同显示效果。此外，SVG 还提供了一些滤镜、渐变、动画等特殊的显示效果。后续章节中将结合具体案例讲解通过 SVG 元素绘制图形的过程。

2.1.6　注释

当网页的功能增多、结构变得越来越复杂时，HTML 文档中对应的标签和标记内容也会越来越多，为它们添加注释将是一个很好的习惯。当需要重新审视或与其他人共享 HTML 文档时，注释将有助于自己或他人理解代码的含义，便于自己或他人更好地理解 HTML 文档。

在 HTML 文档中，可通过<!-->标签来添加注释，其语法如下：

```
1.  <!--此处用于添加注释-->
```

在<!--和-->之间的内容将不会显示在浏览器中。

2.2　CSS 开发基础

2.2.1　CSS 简介

CSS 的英文全称是 Cascading Style Sheets，即层叠样式表。HTML 定义了网页内容的语义结构、层次关系，CSS 则用来控制整个网站的样式和布局，定义如何显示 HTML 元素，通常保存为独立于 HTML 文档的.css 文件，实现内容与表现的分离[26]。HTML 与 CSS 各司其职，HTML 负责搭建网页的"骨架"，CSS 则负责给网页的"骨架"套上一个好看的"皮囊"，开发者通过编辑一个简单的 CSS 文档（.css 文件），即可同时改变网站中所有网页的布局和外观，能极大地提高工作效率。

2.2.2　CSS 语法

2.2.2.1　语法规则

CSS 语法规则由三部分组成：选择器、样式属性和值，其结构如下：

```
1.  selector {
2.      property1:value1;
```

```
3.          property2:value2;
4.          property3:value3;
5.  }
```

其中，selector 是选择器，要设置 HTML 文档中某个元素的显示样式，首先需要通过选择器选择该元素，然后通过样式属性和值来指定显示效果。所有的样式属性和值都包含在一对花括号内，每个属性名称和对应的属性值用冒号分隔，声明了一条样式规则，每条声明之间用分号分隔。CSS 对大小写不敏感，但与 HTML 文档一起工作时，要注意 HTML 元素的 class 属性和 id 属性对大小写是敏感的。

当同样的样式属性应用于多个选择器时，可以将这些选择器用逗号分开，分组设置，其结构如下所示：

```
1.  selectorA, selectorB, selectorC {
2.          property1:value1;
3.          property2:value2;
4.          property3:value3;
5.  }
```

例如，下例为 h1、h2、h3 三级标题元素及 p 段落元素设置了相同的 font-size（字体大小）属性和 color（颜色）属性。代码如下：

```
1.  h1,h2,h3,p {
2.          font-size: 12px;
3.          color: green;
4.  }
```

若需要统一设置 HTML 文档上所有元素的某些样式，则可以使用通配选择器，显示为一个星号（*），其结构如下所示：

```
1.  * {
2.          property1:value1;
3.          property2:value2;
4.          property3:value3;
5.  }
```

下面的代码一次性地将 HTML 文档中所有元素的 color 属性值指定为 green。

```
1.  * {color: green;}
```

此外，图 2-1 中的子元素（子节点）将从父元素（父节点）继承属性，即为父元素指定样式后，其后代元素（子元素）将默认应用该样式。若不希望后代元素应用父元素的样式，可专门为该后代元素指定一个样式。如 2.1.3 节的 HTML 文档，当<body>将背景色设置为白色时，其所有后代元素的背景色都将设置为白色；当为子元素 p 设置背景色后，p 元素将摆脱父元素的样式规则，背景色将变为红色。代码如下：

```
1.  body{
2.          background-color: white;
3.  }
4.  p{
```

```
5.        background-color: red;
6.    }
```

CSS 之所以被称为层叠样式表，是因为很多样式规则可以层叠设置。当浏览器解析 CSS 时，将根据选择器从上到下去匹配对应的 HTML 元素，当多个选择器将样式规则应用于同一个 HTML 元素时，放在后面的样式规则将覆盖前面的样式规则。也就是说，该 HTML 元素将设定为后面的样式规则。例如，在下面给出的示例中，所有 p 元素的文本都将设置为蓝色，但 class 属性值为"highlight"的 p 元素的文本将设置为黑色，且背景色为黄色。该示例首先设置了所有 p 元素（包括 class 属性值为"highlight"的 p 元素）的样式，但后面具体指明了 class 属性值为"highlight"的 p 元素，其样式将覆盖前面设定的 p 元素样式。需要注意的是，后面定义的样式之所以能够覆盖前面定义的样式，主要还是因为后面的选择器具体指向了某一个或某一类 HTML 元素，当两个选择器都具体指向同一个 HTML 元素时，将应用后定义的样式。在定义 CSS 样式时，请注意保持选择器的清晰易读，先定义相对抽象选择器的样式，再定义具体选择器（如具有 id 属性、class 属性且可以定位到某个或某类 HTML 元素的选择器）的样式，这样可以避免浏览器显示错误的外观样式。代码如下：

```
1.    p{
2.        color: blue;
3.    }
4.    p.highlight {
5.        color: black;
6.        background-color: yellow;
7.    }
```

2.2.2.2　选择器

选择器（selector）用于指定需要改变样式的 HTML 元素，有多种表现形式，如常用的类别选择器、派生选择器、id 选择器、class 选择器，以及不太常用的属性选择器等。本节将重点介绍前四种选择器，其余的选择器可参考 W3School 官网中的"CSS 选择器参考手册"。

1）类别选择器

类别选择器以 HTML 标签的标记符来定义，对应的所有 HTML 元素将被指定样式，以下示例将 HTML 主体（body 元素）的背景色设置为白色，将所有段落（p 元素）的文字大小设置为 12 像素。

```
1.    body {
2.        background-color: white;
3.    }
4.    p {
5.        font-size:12px;
6.    }
```

2）派生选择器

派生选择器依据元素在 HTML 文档中的上下文关系来定义某个标签的样式，如图 2-1 中各元素之间的父子关系、兄弟关系，相应地存在后代选择器、子元素选择器、相邻兄弟选择器等。

（1）后代选择器用于选择某元素的后代元素，例如，只需要对下例 h1 元素中的 em 元素应用样式，即可将其文本颜色变为红色，代码如下：

```
1.  <h1>派生选择器中的 <em>后代</em> 选择器</h1>
2.  <p>后代选择器用于选择某元素的 <em>后代</em> 元素。</p>
```

可通过 h1 em 选择对应元素后设置其 color 属性，其他元素中的 em 元素将不会受到影响，如 p 元素中的 em 元素的文本将不会变为红色。代码如下：

```
1.  h1 em {color:red;}
```

（2）和后代选择器相比，子元素选择器只能选择某元素后代元素中的子元素，例如，只需要对下例第一个 h1 元素中的 strong 元素应用样式，即可将其文本颜色变为红色，代码如下：

```
1.  <h1>派生选择器中的 <strong>子元素</strong> <strong>选择器。</strong></h1>
2.  <h1>子元素选择器只选择 <em>某元素后代元素中的 <strong>子元素。</strong></em></h1>
```

可通过 h1>strong 选择对应元素后设置其 color 属性，代码如下：

```
1.  h1 > strong {color:red;}
```

其中作为子结合符的大于号两侧可以有空格，也可以没有空格。这样第二个 h1 元素的孙元素 strong 中的文本颜色将不会变为红色。若用 h1>strong 来选择元素，则两个 h1 元素的后代元素 strong 中的文本都将被应用样式。

（3）相邻兄弟选择器用于选择紧接在另一元素之后，且具有相同父元素的元素，例如在后代选择器的示例中，需要在紧接 h1 元素后出现的 p 元素中增加上边距，可以通过 h1+p 选择对应元素后设置其 margin-top 属性，代码如下：

```
1.  h1 + p {margin-top:50px;}
```

其中，作为相邻兄弟结合符的加号两侧可以有空格，也可以没有空格。

3）id 选择器

id 选择器以 "#" +id 属性值来定义，用于为具备 id 属性的 HTML 元素指定样式。由于 HTML 文档中每个元素的 id 都是唯一的，因此，通过 id 选择器选择的元素也是唯一的。下面的示例将 id 属性值为 "nav1" 的元素中的文本颜色设置为红色，将 id 属性值为 "nav2" 的元素中的文本颜色设置为绿色。代码如下：

```
1.  #nav1 {color:red;}
2.  #nav2 {color:green;}
```

4）class 选择器

class 选择器以 "." +class 属性值来定义，用于为具备 class 属性的 HTML 元素指定样式。由于在 HTML 文档中可以为多个元素指定相同的 class 属性，因此，通过 class 选择器可以一次性选择具有相同 class 属性的多个元素。例如，HTML 文档中的元素 h1 和 p 的 class 属性值均为 "axis"，代码如下：

```
1.  <h1 class="axis">
2.      横坐标标题居中显示。
3.  </h1>
```

```
4.   <p class="axis">
5.        坐标内容居中显示。
6.   </p>
```

通过下面的 class 选择器可以将上述的两个元素内容设置为居中显示，代码如下：

```
1.   .axis {text-align: center}
```

一个元素可以有多个 class 属性值，代码如下：

```
1.   <p class="intro1 intro2">class 属性规定了元素的类名</p>
```

可以将这些属性值串在一起用于选择该元素，代码如下：

```
1.   .intro1.intro2{color:red;}
```

值得注意的是，class 选择器和 id 选择器均可用于建立派生选择器，例如：

```
1.   .sidebar p{
2.        font-style: italic;
3.        text-align: right;
4.   }
5.   #button p{
6.        color: #f60;
7.        background: #666;
8.   }
```

在上面的代码中，class 属性值为"sidebar"的元素内的段落 p 元素与 id 属性值为"button"的元素内的段落 p 元素被指定了不同的样式。

另外，不同的选择器可以相互组合用于选择特定的 HTML 元素，例如，div.sidebar 将选择 class 属性值为"sidebar"的 div 元素，#button.on 将选择 id 属性值为"button"且只有当 class 属性值为"on"时的元素。

2.2.2.3 样式属性和值

CSS 提供了丰富的样式属性，如上文提到的 font-size、color、background-color、margin-top、font-style、text-align 等。每个样式属性都对应一个属性值，二者共同确定 HTML 元素外观样式的某一个方面。其中，属性值有两种形式，一种是指定范围的值，如 float 属性，只能使用 left、right、none 三种值；另一种为数值，如 width 属性可设置为 0～9999 px，或用其他数学单位来指定[21]。在设置 CSS 样式属性和值时，每个样式属性和对应的值之间要用冒号分隔，用于声明一条样式规则，每条声明之间用分号分隔。最后一条声明后不用加分号，但有经验的设计师会建议在每条声明后面都加上分号，这样做的好处是能够在增减声明时降低出错的概率。另外，为了增强样式定义的可读性，建议每一行只声明一条样式规则。

2.2.2.4 注释

CSS 中的注释可用于解释说明样式声明的含义，同 HTML 注释一样，当样式声明越来越多时，给样式增加注释将是一个很好的习惯。同 HTML 注释不一样的是，CSS 需通过"/*"和"*/"来添加注释，其语法如下：

```
1.  /* CSS 注释以斜杠+星号开始,
2.  以星号+斜杆结束,
3.  中间内容将被浏览器忽视。  */
```

在"/*"和"*/"之间的内容将会被浏览器忽视。

2.2.3　CSS 的创建

以上介绍了 CSS 的语法,接下来将 CSS 放入某个 HTML 文档中,这样才能真正地让 HTML 元素应用设定好的样式。将 CSS 添加到 HTML 文档的方法主要有三种：链接外部样式表、添加内部样式表、内嵌样式。

2.2.3.1　链接外部样式表

所谓外部样式表,是指独立于 HTML 文档的.css 文件。和 HTML 一样,CSS 也可以在任何文本编辑器中进行编辑,如记事本,定义好的 CSS 样式规则可以单独存储为扩展名为.css 的文件,文件中不能包含任何 HTML 标签。当多个 HTML 文档中需要用到相同的样式时,外部样式表将是一个理想的选择,通过一个.css 文件即可改变一个或多个 HTML 文档的外观,可避免很多重复工作。在这些 HTML 文档中,需要使用<link>标签链接外部样式表。需要注意的是,<link>标签没有结束标签,且必须放在 HTML 文档的头部,即 head 元素内,link 元素是空元素,仅仅包含属性。代码如下：

```
1.  <head>
2.      <link rel="stylesheet" type="text/css" href="mystyle.css">
3.  </head>
```

这样,浏览器将从 mystyle.css 文件中读到样式声明,并由此设定相关 HTML 元素的显示样式。其中,rel 属性指定了 HTML 文档与所链接文件之间的关系,此处要链接到一个样式表,故使用值"stylesheet"。type 属性指定了链接的文件类型,其属性值"text/css"说明链接的文件是一个 CSS 样式表文件,在 HTML5 中,这个属性是可选的。href 属性指定了链接文件的位置,其属性值使用的是相对路径,CSS 文件与当前 HTML 文档位于相同的文件夹下。此外,href 属性值也可以是绝对路径,即一个完整的 URL。关于 HTML 文档中的文件路径,若 href 属性值指定为"css/mystyle.css",则 mystyle.css 位于 HTML 文档所在文件夹中的 CSS 文件夹下；若 href 属性值指定为"/css/ mystyle.css",则 mystyle.css 位于当前节点根目录的 CSS 文件夹下；若 href 属性值指定为"../mystyle.css",则 mystyle.css 位于 HTML 文档所在文件夹的上一级文件夹。

如果需要链接多个外部样式表,则需要多个<link>标签。也就是说,link 元素虽然只存在于 head 元素内,但可以出现任意次数。

2.2.3.2　添加内部样式表

内部样式表一般位于 HTML 文档头部,即<head>与</head>标签之间,可使用<style>标签来添加内部样式表。代码如下：

```
1.  <head>
2.      <style type="text/css">
```

```
3.          body{
4.              background-color: white;
5.          }
6.          p{
7.              color: red;
8.          }
9.          .axis{
10.             text-align: center
11.         }
12.     </style>
13. </head>
```

注意，在添加内部样式表时，既要有开始标签<style>，也要有结束标签</style>。当单个 HTML 文档需要添加特殊的样式时，添加内部样式表将是一个很好的选择。

2.2.3.3　内嵌样式

内嵌样式也称为内联样式，是指将样式作为 HTML 元素的 style 属性内嵌到开始标签中，style 属性的属性值即 CSS 的样式规则。代码如下：

```
1. <p style="font-size:24px; font-weight:bold; color:red">
2.     内嵌样式段落 style 属性设置。
3. </p>
```

内嵌样式可以很简单地对某个元素单独定义样式，但无法发挥样式表的优势，当样式规则较多时难以阅读，建议慎用。

2.3　JavaScript 开发基础

在了解 HTML 和 CSS 相关知识后，就可以制作出一些静态网页。要使网页具备动态交互功能，还需了解 JavaScript 的相关知识，尤其是要基于上文提到的诸多开发包实现在线地图可视化时，更需要掌握 JavaScript 编程语言。

2.3.1　JavaScript 简介

JavaScript 是一种嵌入到 HTML 文档中的脚本语言，通常只能由浏览器的解释器将其动态地处理成可执行的代码，而不能像普通意义上的程序那样独立运行。编写 JavaScript 脚本和编写 HTML 文档一样，不需要任何特殊的软件，一个普通的文本编辑器即可。此外，再加上一个浏览器便可调试 JavaScript 代码。

将 JavaScript 代码插入 HTML 文档中，需要放在<script>标签与</script>标签之间。插入的内容既可以是原始的 JavaScript 代码，也可以是采用 JavaScript 编写的存储在外部、扩展名为.js 的独立文件，示例如下。

示例一：将 JavaScript 代码直接放在 script 元素中。代码如下：

```
1. <body>
```

```
2.    <script type="text/javascript">
3.        alert("Hello, map!");
4.    </script>
5.  </body>
```

示例二：将 JavaScript 代码存储为扩展名为.js 的独立文件，从外部引用，需要将<script>的 src 属性指向该文件，同链接外部样式表一样，src 的属性值既可以是该文件的绝对路径，也可以是相对路径。

```
1.  <head>
2.      <title>导入外部 JS 文件</title>
3.      <script type="text/javascript" src="FirstScript.js"></script>
4.  </head>
5.  <body>
6.      <p>此处有个段落元素</p>
7.  </body>
```

在以上两个示例中，<script>标签的 type 属性表示编写代码使用的脚本语言是 JavaScript，这个属性并不是必需的[12]。<script>标签既可以放在 head 元素内，也可以放在 body 元素内。当放在 head 元素内时，在 JavaScript 代码被下载、解析和执行完成后，浏览器才开始呈现网页内容（浏览器遇到<body>标签时才开始呈现内容）。如果 JavaScript 代码较多，将导致浏览器在网页内容出现之前会有明显的延迟，即显示一段时间的空白，会导致不好的用户体验，因此，为了避免这一问题，建议将<script>标签放在 HTML 文档的最后、</body>标签之前[12,27]，示例二可以改为：

```
1.  <head>
2.      <title>导入外部 JS 文件</title>
3.  </head>
4.  <body>
5.      <p>此处有个段落元素</p>
6.  <script type="text/javascript" src="FirstScript.js"></script>
7.  </body>
```

这样，在解析 JavaScript 代码之前，HTML 文档中的其他网页元素，如 p 元素将完全呈现在浏览器中，用户会感受到浏览器更快地加载了网页。

2.3.2　基本语法

2.3.2.1　变量

变量是数据的存储容器。虽然 JavaScript 没有强制要求对变量进行声明，但为了增强代码的可读性，避免混淆，建议养成在给变量赋值之前提前声明变量的良好编程习惯。在 JavaScript 中，通过 var 关键词来声明变量，例如，下面的语句声明了名为 name 和 age 的变量。

```
1.  var name;
2.  var age;
```

JavaScript 是一种弱类型语言，也就是说，JavaScript 在声明变量时不需要声明该变量的类型，这是和一些强类型语言不一样的地方。JavaScript 也可以用一条语句一次声明多个变量，例如：

```
1.   var name,age;
```

声明变量之后，即可给这些变量赋值，也就是将值存入变量，JavaScript 是通过"="来完成这一过程的。

```
1.   name="GeoVISLab";
2.   age=7;
```

变量存储的数据类型可以是字符串、数值、布尔值等，其中字符串必须包含在引号中，布尔值的取值是 true 或 false，不需要用引号包含，否则它们将变为一个字符串。在 JavaScript 中，声明变量与给变量赋值可以同时进行，例如：

```
1.   var name="GeoVISLab";
2.   var age=7;
```

或者：

```
1.   var name="GeoVISLab",age=7;
```

以上示例中的每条语句都独占一行，每条语句的末尾都加上了一个分号。虽然 JavaScript 在这方面没有严格要求，但这也是一种良好的编程习惯，一方面可以让代码变得更容易阅读；另一方面，在调试时可以更容易跟踪 JavaScript 脚本的执行过程。

和 HTML、CSS 不同，JavaScript 中的变量和元素的名字都是区分字母大小写的[25]，也就是说，Name、Age 和上面示例中的 name、age 是不同的变量。另外，JavaScript 中的变量虽然是可以随意命名的，但也要遵循一些规则，如变量名中不能包含空格或标点符号（美元符号"$"例外），只能由字母、数字、美元符号和下画线组成，且第一个字符不能为数字，建议以字母开头。最后要注意的是，JavaScript 中有大量的保留词，这些词是 JavaScript 中预定义的具有特定用途的字符，如 int、true 等，这些保留词不能作为变量、标记或函数的名称，具体的保留词可参考 W3School 官网的"JavaScript 保留词"。

在对变量命名时，最好把变量的名称与其代表的含义对应起来，这样既可以使代码变得更加容易理解，也可以避免出错。由多个单词组成的变量名，可以在单词之间增加下画线或者采用驼峰格式。驼峰格式是变量、函数、对象属性等命名的首选格式，变量一般用小驼峰格式，即第一个单词的首字母小写，后面的单词首字母大写；函数、属性常用大驼峰格式，即每个单词的首字母都大写。例如：

```
1.   var my_name="GeoVISLab";        //单词之间加下画线
2.   var myAge=7;                    //驼峰格式
```

2.3.2.2　数组

当需要存储一组相关的值时，可以分别为每个值指定一个变量，例如下面的代码，但这并不是一种高效的方法。

```
1.   var numberA = 5;
2.   var numberB = 10;
3.   var numberC = 15;
4.   var numberD = 20;
5.   var numberE = 25;
```

此时通过数组来存储这些值将是一个理想的选择。在使用数组时，只需用一个变量就可以表示一组值的集合。集合中每个值都是这个数组的一个元素。在 JavaScript 中，数组可以用关键词 Array 来声明，同时还可以指定数组的初始元素个数，也就是数组的长度。例如，下面的代码将创建一个长度为 5 的数组变量。

```
1.   var numbers=Array(5);
```

若在声明数组时，并不清楚将来会存储多少个值，也就是无法预知数组的长度，则可以不用指明元素个数，例如：

```
1.   var numbers=Array();
```

接下来需要给这个变量赋值，以上声明的数组还是一个空数组，需要给这个数组填充元素，此时不仅要给出元素的值，还需指出该元素在数组中的存放位置，这个位置对应的索引号被称为元素的下标，数组里面每一个元素都有一个下标。注意，下标是从 0 开始往后排序的。例如，通过上面两种方式声明 numbers 数组后，赋值方式如下：

```
1.   numbers[0]=5;
2.   numbers[1]=10;
3.   numbers[2]=15;
4.   numbers[3]=20;
5.   numbers[4]=25;
```

通过上面的代码，即可将本节最开始列举的 5 个数值全部存储到数组 numbers 中，通过数组变量名和元素下标就能找到对应的值，如通过 numbers[2]可得到 15。注意：下标必须包含在方括号内。

除了以上的赋值方式，还有一种相对简单的方式，和 2.3.2.1 节介绍的变量一样，可以在声明数组的同时填充元素，例如：

```
1.   var numbers=Array(5,10,15,20,25);
```

另外，还有一种更加简单的数组创建方法，只需要用一对方括号将各个元素值括起来即可，每个元素之间用逗号分开，例如：

```
1.   var numbers=[5,10,15,20,25];
```

以上两种数组创建方式，仍然可以通过数组变量名和元素下标获取各个数值，只不过这个下标隐式地自动分配了，第一个元素下标为 0，第二个为 1，以此类推。

数组可以包含任意类型的数据，而不仅仅局限于数值，例如下面的数组中存储的就是字符串。

```
1.   var names = [ "中国","日本","印度" ];
```

不同类型的数据也可以存储在同一个数组中，但不推荐这样操作，例如，下面的数组中存储了字符串、数值和布尔值三种类型的数据。

```
1.  var info= [ "中国", 1949, true];
```

数组元素既可以是变量，也可以是另一个数组的元素或其他数组等，例如：

```
2.  var name="美国";
3.  var names = ["中国", "日本", "印度"];
4.  var info= Array();
5.  info[0]=name;              //info 数组第 1 个元素是一个变量
6.  info[1]=names[0];          //info 数组第 2 个元素是另一个数组中的第 1 个元素
7.  info[2]=names;             //info 数组第 3 个元素是一个数组
```

当数组元素是另一个数组时，可通过增加方括号的方式访问另一个数组中的元素，如上例，info[2][0]的值是"中国"，info[2][1]的值是"日本"，info[2][2]的值是"印度"。

当需要修改数组中的值时，只需要指定下标，添加一个新值即可。例如，修改上例中 info 数组中的第一个元素的值，代码如下：

```
1.  info[0]="泰国";
```

2.3.2.3 对象

在现实生活中，万事万物都是一个个的对象，都有自己的属性和功能。在 JavaScript 中，这些对象连同它们的属性和功能，都可以存储在变量中。和数组一样，对象只需要用一个名字就可以存储一组值，这些值就是对象的属性和功能。JavaScript 通过 Object 关键词来创建对象，通过执行 new 操作符可实例化一个对象，例如：

```
1.  var fruit=new Object();
2.  fruit.kind="grape";
3.  fruit.color="red",
4.  fruit.quantity=12,
5.  fruit.tasty=true;
```

此外，还有一种更简单的对象创建方法，通过将所有属性和属性值包含在一对花括号内即可创建对象，代码如下：

```
1.  var fruit = {
2.      kind: "grape",
3.      color: "red",
4.      quantity: 12,
5.      tasty: true
6.  };
```

上面的方法和 2.2.2.1 节中的 CSS 语法规则有点类似，在花括号内，每个属性名称和属性值之间用冒号分隔；和 CSS 语法规则不一样的是，属性之间是用逗号而不是用分号分隔的。

如果需要访问对象的属性，获取对象的某个属性值，则可以使用"对象.属性名"或者"对象['属性名']"，如 fruit.color 或 fruit["color"]将返回"red"，fruit.kind 或 fruit["kind"]将返回"grape"等。与数组通过下标获取元素值相比，使用对象可以明显地提高代码的可读性。

对于对象的功能，JavaScript 将其称为方法，是指在对象上执行的动作，以函数的形式存储在对象的属性中。例如，为上面的 tasty 属性赋予一个函数，代码如下：

```
1.  var fruit = {
2.      kind: "grape",
3.      color: "red",
4.      quantity: 12,
5.      tasty: function() {
6.          return true;
7.      }
8.  };
```

如果需要调用对象的方法，则可以使用"对象.方法名()"，例如：

```
1.  var fruitTasty = fruit.tasty();
```

JavaScript 中对象的属性名与变量命名规则类似，属性值可以是任意 JavaScript 值，包括数组和其他对象。反过来，数组中的成员也可以是对象。例如，在上面的 fruit 中增加另一类水果对象后，将这些水果对象的数据存储在一个数组 fruits 中，代码如下：

```
1.  var fruits = [
2.      {
3.          kind: "grape",
4.          color: "red",
5.          quantity: 12,
6.          tasty: true
7.      },
8.      {
9.          kind: "banana",
10.         color: "yellow",
11.         quantity: 0,
12.         tasty: true
13.     }
14. ];
```

上例中，需要时刻记住[]意味着数组类型，{}则意味着对象类型。如需获取数组中各个对象的属性值，首先需按上文介绍的数组元素获取方法获取数组中的某个元素，如第一个元素 fruits[0]，存储的是一个对象，然后利用上文介绍的对象获取某个属性值的方法读取某属性，如 fruits[0].kind，这样将获取该水果对象的类型值是"grape"。

当对象的某个属性的属性值是一个数组时，可以采用以上类似思路去获取该数组中的某个元素，此处不再赘述。

2.3.2.4　操作符

以上介绍的变量在存储各种类型的数据后，就可以进行一系列更加复杂的操作，这些操作需要借助一些符号来完成，JavaScript 将这些符号称为操作符。本节将介绍常见的几种操作符。

1）算术运算符

毫无疑问，JavaScript 中最常用的操作符就是算术运算符，如"+"（加）、"−"（减）、"*"（乘）、"/"（除），这几种算术运算符的用法和小学时数学老师教的用法是一样的。例如：

```
1.  var a=5,b=2,c;
2.  c=a+b;              //c=7
3.  c=a-b;              //c=3
4.  c=a*b;              //c=10
5.  c=a/b;              //c=2.5
```

除此之外，JavaScript 还有一些非常便捷的算术运算符，可以使一些运算变得更加简单，如"++""−−""%""**"等，例如：

```
1.  var a=5,b=2,c=6,d=4,x,y;
2.  a++;               //相当于 a=a+1，计算结果为 a=6
3.  b--;               //相当于 b=b-1，计算结果为 b=1
4.  x=c%d;             //取余操作，返回 c 除以 d 的余数，计算结果为 x=2
5.  y=c**2;            //取幂操作，返回 c 的平方，计算结果为 y=36
```

和数学里面的运算规则一样，不同运算符在参与运算时也有不同的优先级，当一个算术表达式里面含有多个运算符时，优先级高的运算符将先参与运算。乘（*）和除（/）比加（+）和减（−）拥有更高的优先级。当不清楚运算符的优先级时，可以通过括号来改变优先级。当使用括号时，括号内的运算符将会首先被计算。例如：

```
1.  var x = 2 + 5 * 2;      //x=12
2.  var y = (2 + 5) * 2;    //y=14
```

2）赋值运算符

顾名思义，赋值运算符的作用是给变量赋值，除了上文提到的"="，还有"+=""−=""*=""/=""%="等，例如：

```
1.  var a = 1,b=2,c=3,d=4,e=5;
2.  a += 2;            //相当于 a=a+2，返回 a=3
3.  b -= 1;            //相当于 b=b-1，返回 b=1
4.  c *= 2;            //相当于 c=c*2，返回 c=6
5.  d /= 2;            //相当于 d=d/2，返回 d=2
6.  e %= 3;            //相当于 e=e%3，返回 e=2
```

3）字符串运算符

不仅数值可以参与运算，字符串也可以参与运算，常见的"+"运算符除了可以当成算术运算符的加号使用，还可以用于将多个字符串合并成一个字符串，例如：

```
1.  var txt= "I love" + " " + "map";     //返回 txt="I love map"
```

除此之外，"+="也可以用于合并多个字符串，例如：

```
1.  var year=2020;
2.  var info= "The year is ";
3.  info += year;                         //返回 info="The year is 2020"
```

当字符串与数值进行运算时，将返回一个字符串，例如：

```
1.  var num=10;
2.  var info1 = "5";
3.  var info2 = 5;
4.  var message1 = info1 + num;        //返回 num ="510"
5.  var message2 = info2 + num;        //返回 num =15
```

在上面的代码中，要注意字符串 info1 和数值 info2 的区别，字符串 info1 用双引号进行了标识，因此，其与数值 num 进行运算时返回了字符串"510"，也用双引号进行了标识；而数值 info2 与数值 num 进行运算，就是简单的求和运算，返回的是数值 15。

4）比较运算符

当需要判断两个变量或值是否相等时，需要用到比较运算符。常见的比较运算符有"=="（等于）、"!="（不等于）、"<"（小于）、">"（大于）、"<="（小于或等于）、">="（大于或等于）等。当两个用于比较的变量或值满足判断条件时，将返回布尔值 true，否则将返回 false。例如：

```
1.  1 == 3          //返回 false
2.  5 == 5          //返回 true
3.  2 >= 2          //返回 true
4.  4 <= 3          //返回 false
5.  10 < 1          //返回 false
6.  298 != 298      //返回 false
```

需要注意的是，用于判断两个变量或值是否相等的运算符是"=="（两个等于号），"="（单个等于号）是赋值运算符。在实际应用中，"=="和"="经常容易混淆。此外，如果将两个不同类型的数据进行比较，比较运算符会将二者转换成相同类型的数据后再进行比较，因此，以下数值与字符串比较会返回 true。

```
1.  5 == "5"        //数值与字符串进行比较，返回 true
```

JavaScript 提供了更严格的比较运算符，不仅可以比较值，还可以比较类型。例如，由三个等于号组成的比较运算符"==="，当值相等且类型相同时才返回 true；由一个感叹号和两个等于号组成的运算符"!=="，当值不相等或类型不相等时返回 true。例如：

```
1.  5 === "5"       //数值与字符串进行比较，类型不相同，返回 false
2.  5 === 5         //数值与数值进行比较，返回 true
3.  5 !== "5"       //数值与字符串进行比较，类型不相同，返回 true
4.  5 !== 5         //数值与数值进行比较，返回 false
```

5）条件运算符

条件运算符用于基于条件的赋值运算，其语法为：

```
1.  条件表达式 ? 语句 1 : 语句 2;
```

在执行条件运算符时，首先对其中的条件表达式进行判断，如果返回的是 true，则执行语句 1，并返回执行结果；如果返回的是 false，则执行语句 2，并返回执行结果。例如：

```
1.  var a = 10, b = 20;
```

```
2.   var max = a > b ? a : b;
```

在上述的代码中，由于条件表达式是"a>b"，因此将返回 false，所以将 b 作为执行结果赋值给变量 max，最终的 max 值为 20。

6）逻辑运算符

逻辑运算符用于判定变量或值之间的逻辑关系，包括"&&"（逻辑与）、"||"（逻辑或）、"!"（逻辑非）。例如，给定两个变量 x=1 和 y=5，逻辑运算符的示例如下：

```
1.   x < 6 && y > 10              //返回 false
2.   x < 0 && y < 1              //返回 false
3.   x < 6 && y < 10             //返回 true
4.   x == 5 || y == 5           //返回 true
5.   !(x == y)                   //返回 true
```

逻辑运算符的操作对象是布尔值，返回的也是布尔值。例如，上述代码中的逻辑运算符前后的语句都应用了比较运算符，比较运算符的结果为 true 或 false，逻辑运算符的结果也是 true 或 false。对于逻辑与运算符，只有其前后所有操作结果都为 true，才返回 true；否则返回 false。对于逻辑或运算符，只要其前后的操作结果有一个为 true，就返回 true；只有当前后所有操作结果都为 false，才返回 false。对于逻辑非运算符，将对其后操作结果的布尔值取反，如果其后的操作结果为 true，则返回 false；如果其后的操作结果为 false，则返回 true。注意，当不清楚这些运算符的运算优先级时，可以用括号来改变优先级，如"!(x == y)"，括号内的运算将优先进行。

2.3.2.5　语句

JavaScript 程序和其他语言编写的程序一样，也是由一系列按一定规则编写出来的计算机"指令"构成的，这些"指令"被称为语句。JavaScript 语句由关键词、变量、运算符、表达式、注释等构成，正如前文给出的示例，大多数都是由一条一条的语句构成的。为了增强代码的可读性，在调试时便于跟踪，编程时往往一条语句独占一行，每条语句的末尾都加上一个分号。JavaScript 中主要有两种基本语句，一种是条件语句，如 if 等；另一种是循环语句，如 for、while。此外，还有一些其他程序控制语句。本节将重点介绍条件语句和循环语句。

1）条件语句

顾名思义，条件语句是指在满足一定条件下才执行某些操作的语句，最常见的条件语句是 if 语句，其语法如下：

```
1.   if(条件){
2.        //如果条件为 true 时，则执行此处的代码
3.   }
```

其中，if 后面的圆括号内是条件，该条件要么是 true，要么是 false。只有当给定条件是 true 时，浏览器才会逐条执行后续花括号内的代码。上文介绍的比较运算符和逻辑运算符经常用于条件语句的条件判断，例如：

```
1.   if (2 < 6) {
2.        console.log("满足条件，可以执行！");
```

```
3.  }
```

　　显然，条件 2<6 的结果是 true，花括号内的代码将会被执行，其中，console.log()方法的作用是在浏览器控制台输出圆括号内的内容。

　　if 语句后还可以有一个 else 语句，用于处理不满足 if 条件的情况，其语法如下：

```
1.  if (条件) {
2.      //条件判断结果为 true 时执行的代码
3.  } else {
4.      //条件判断结果为 false 时执行的代码
5.  }
```

　　同样，将上一个示例稍做修改，可得到如下代码：

```
1.  if (2 > 6) {
2.      console.log("满足条件，执行该代码！");
3.  }else{
4.      console.log("不满足条件，执行该代码！");
5.  }
```

　　此时，2>6 将返回 false，因此浏览器将执行 else 后面的代码。

　　当有多个条件进行判断时，还可以加入 else if 语句。当 else if 前面的条件为 false 时，将判断 else if 引入的新条件，其语法如下：

```
1.  if (条件 1) {
2.      //条件 1 为 true 时执行的代码块
3.  } else if (条件 2) {
4.      //条件 1 为 false，但条件 2 为 true 时执行的代码块
5.  } else {
6.      //条件 1 和条件 2 同时为 false 时执行的代码块
7.  }
```

　　假定一个变量 x=5，条件 1 为 x>6，条件 2 为 x>3，可用 else if 语句编写，代码如下：

```
1.  if (x>6) {
2.      console.log("满足条件 1，执行该代码！");
3.  } else if (x>3) {
4.      console.log("满足条件 2，执行该代码！");
5.  } else {
6.      console.log("满足条件 3，执行该代码！");
7.  }
```

　　上述代码执行后，浏览器控制台将输出"满足条件 2，执行该代码！"。

　　2）循环语句

　　当代码需要重复执行多次时，就可以使用循环语句。JavaScript 提供了几种不同的循环语句，如 for 循环、while 循环。

　　（1）for 循环。for 循环的语法如下：

```
1.  for (初始化语句;条件语句;更新语句) {
```

```
2.        //要执行的代码
3.    }
```

在循环执行 for 后面花括号内的代码之前，首先执行 for 后面圆括号内的初始化语句，此时往往会给变量赋予初始值；然后执行条件语句，若条件满足则执行花括号内的代码，否则跳出循环，不再执行花括号内的代码；在执行了花括号内的代码后，才会执行更新语句，定义运算规则，更新初始化语句中的变量值；接着执行条件语句，开始新一轮的循环。初始化语句、条件语句和更新语句之间必须用分号隔开。for 循环的示例如下：

```
1.    for ( var i = 0; i < 5; i++) {
2.        console.log(i);
3.    }
```

在上面的示例中，初始化语句定义了变量 i 的初始值为 0；条件语句定义了要在浏览器控制台输出 i 的前提条件是 i 必须小于 5；在浏览器控制台每次输出 i 后，更新语句将对 i 值进行递增运算。上面的示例最终执行 5 次循环，浏览器控制台将依次输出 0、1、2、3、4。当 i 递增到 5 时，已经不能满足条件 i<5，故将跳出循环，不再执行花括号内的代码。

除了上面介绍的 for 循环，当需要遍历数组的元素或对象的属性时，还可以用 for/in 语句，例如：

```
1.    var person = {fname:"Jim", lname:"Green", age:36};
2.    var text = "";
3.    for (var x in person) {
4.        text += person[x];
5.    }
```

其中，in 出现在 for 后面的圆括号内，变量 x 每次将从对象 person 中依次取出一个属性名称字符串，person[x]将返回对应的属性值，通过执行循环，字符串运算符"+="将这些属性值逐个组合在一起，最终，text 将返回"Jim Green 36"。

（2）while 循环。while 循环的语法和 if 条件语句的语法很像，如下所示：

```
1.    while (条件) {
2.        //条件为 true 时执行的代码
3.    }
```

和 if 条件语句一样，在执行 while 后面花括号内的代码前，首先需要对 while 后面圆括号内的条件语句进行判断，只有条件语句返回 true 时才往后执行。和 if 条件语句不一样的是，while 后面花括号内的代码执行完后将再次判断条件语句，只要条件语句返回 true，花括号内的代码将被反复地执行下去，直到条件语句最终返回 false，才会结束 while 循环。while 循环示例如下：

```
1.    var i=0;
2.    while (i < 2) {
3.        console.log(i);
4.        i++;
5.    }
```

在上面的示例中，变量 i 的初始值为 0，满足条件 i<2，将执行花括号内的代码，i++将使变量 i 的值递增 1，当循环执行两次后，变量 i 的值递增为 2，此时条件 i<2 将返回 false，这意味着 while 循环结束，浏览器控制台最终将输出 0、1。值得注意的是，在 while 后面花括号内的代码最后必须有改变控制条件的操作运算，使得最终条件语句返回 false，以便结束循环，否则，while 循环将陷入死循环中，导致运行崩溃。如果上面的示例中没有 i++这个操作来改变变量 i 的值，条件语句将永远返回 true，循环将永远执行下去，直至运行崩溃。

while 循环还有一个变体，即 do/while 循环，其语法如下：

```
1.  do {
2.      //要执行的代码
3.  }
4.  while (条件);
```

和 while 循环先判断条件再执行的顺序不同的是，do/while 循环在判断条件是否为真之前就会先执行一次 do 后面花括号内的代码。while 循环在第一次执行时，如果条件语句返回 false，其后的代码将一次都不会被执行，但 do/while 循环的代码无论如何都会至少被执行一次。上面的示例采用 do/while 循环编写如下：

```
1.  var i=0;
2.  do {
3.      console.log(i);
4.      i++;
5.  }
6.  while (i<2);
```

在上面的示例中，在判断条件语句之前，先执行代码，故浏览器控制台首先输出 0；然后执行 i++，将变量 i 的值递增为 1，此时条件 i<2 返回 true，开始循环执行代码，浏览器控制台输出 1；接着执行 i++，将变量 i 的值递增为 2，此时判断条件 i<2 返回 false，结束循环。同 while 循环一样，代码最后也必须有改变控制条件的操作运算，以避免死循环。

2.3.2.6　函数

1）定义函数

JavaScript 函数是将用于执行特定任务的任意多条语句封装而成的代码块，它可以在任意时间、任意地方多次调用执行。定义 JavaScript 函数的语法如下：

```
1.  function 函数名(参数 1, 参数 2, …, 参数 n) {
2.      //函数执行代码块
3.  }
```

JavaScript 首先通过关键词 function 来定义函数；然后给函数指定一个函数名，函数名的命名规则和变量名相同。在函数名后面跟着一对圆括号()，圆括号内可以空着，也可以包含任意多个由逗号分隔的参数，这些参数是传递给函数使用或操作的值，可以是变量、常量或表达式。函数执行的代码放在花括号{}内。例如，下面的示例定义了一个实现加法功能的函数。

```
1.  function AddFunction(num1, num2) {
2.      var total = num1 + num2;
```

```
3.    return total;      //函数将返回 total 的值
4.  }
```

　　函数 AddFunction 中的参数（如 num1 和 num2）和声明的变量（如 total）都是局部变量，只能在函数 AddFunction 内使用，在函数之外的地方无法访问，随着函数的执行而创建，随着函数执行的结束而被删除，因此，不同的函数中可以使用相同名称的变量。与之相对应的是在函数外定义的全局变量，全局变量在 HTML 文档中所有脚本和函数中均可使用。函数 AddFunction 用到了 return 语句，当函数体在执行过程中遇到该语句，将立即停止执行，并返回指定的变量值，函数的返回值可以是数值、字符串、数组、布尔值等。当然，函数在定义时，并不一定都要指定返回值，也就是说，return 语句并不是必需的，有时候，函数只是执行一些简单的操作，如弹出一个警告框，这个时候，并不需要返回任何值。例如：

```
1.  function SayHi(name) {
2.    var message = "Hi, " + name;
3.    alert(message);      //alert()用于弹出一个带有指定消息的警告框
4.  }
```

　　除了上述介绍的函数定义方法，还可以首先通过上面的方法定义一个没有函数名的匿名函数，然后将其赋值给一个变量，此时，变量名等同于函数名，可以通过变量名来调用该函数。如下所示：

```
1.  var 变量名 = function(参数 1, 参数 2,…, 参数 n) {
2.    //函数执行代码
3.  };
```

　　上面给出的两种函数定义方法是完全等价的。需要注意的是，后一种方法实际上是声明了一个变量，在语句末尾记得要加一个分号结尾。以前面的加法函数为例，还可以通过以下方式定义：

```
1.  var AddFunction = function(num1, num2) {
2.    var total = num1 + num2;
3.    return total;      //函数将返回 total 的值
4.  };
```

　　2）调用函数

　　定义好函数之后，如果在代码中需要利用该函数实现某项功能，则可以通过函数名来调用对应的函数。需要注意的是，在函数名后面要加上一对圆括号，以及和函数定义相对应的参数值。例如，以下代码调用了前文定义的函数 AddFunction。

```
1.  var sum1 = AddFunction(1,2);      //sum1=3
2.  var sum2 = AddFunction(0,4);      //sum2=4
3.  var sum3 = AddFunction(5,6);      //sum3=11
```

　　以 sum1 为例，sum1 调用函数 AddFunction 并传递了两个数值参数 1 和 2，执行函数 AddFunction 后将返回 3，并将 3 赋值给变量 sum1。从以上几个例子可以看出，函数只需要定义一次，就可以被多次调用；向同一个函数传递不同的参数，可以产生不同的结果。这就是使用函数带来的便利，因此，当有一段代码需要在多个地方重复使用时，不妨考虑将这段代码编写成一个函数。

2.3.2.7　事件

事件可以看成连接 HTML 元素与 JavaScript 的桥梁。用户往往希望借助一些 HTML 元素来实现某些交互功能，如单击按钮时弹出一个提示框。HTML 元素本身是不具备这种交互功能的，但可以通过事件驱动某个 JavaScript 函数来实现这种交互功能。常见的 HTML 事件包括 onchange（HTML 元素被改变）、onclick（用户单击 HTML 元素）、onmouseover（用户将鼠标光标移动到 HTML 元素上）、onmouseout（用户将鼠标光标从 HTML 元素上移开）、onkeydown（用户按下键盘按键）、onload（网页已加载完毕）等，这些事件名可作为 HTML 元素的属性名。根据 2.1.2.1 节的介绍可知，每个属性名后应对应一个值，事件属性名后的值既可以是一段简单的代码，也可以是已定义好的函数名。例如，下面的示例为一个按钮添加了 onclick 事件属性，单击该按钮时将弹出一个提示框。

```
1.   <button id="demo" onclick="alert('www.geovislab.cn')">弹出框</button>
```

当事件驱动的执行函数比较复杂、代码较多时，建议将事件属性名后的值设置为已定义好的函数名。例如，将上面代码的事件属性值改为 2.3.2.6 节的 SayHi()函数。

```
1.   <button id="demo" onclick=" SayHi('www.geovislab.cn' )">弹出框</button>
```

除了可以在 HTML 元素的属性中添加事件，还可以直接在 JavaScript 代码中为 HTML 元素添加事件。此时，首先通过 DOM 提供的方法查找 HTML 元素，然后通过 addEventListener() 方法为该元素指定事件处理函数。例如：

```
1.   var domEle= document.getElementById("demo");        //通过 id 属性查找元素
2.   domEle. addEventListener("click", SayHi("www.geovislab.cn"));
```

除了以上介绍的一些常见事件名，更多的事件名请参考 W3School 官网的"HTML DOM 事件"。

2.3.2.8　注释

和 HTML、CSS 一样，JavaScript 也有注释符。在上文的介绍中，很多语句末尾用"//"增加一些注释。在 JavaScript 中，位于"//"之后且与"//"位于同一行的语句将都被视为注释，浏览器在执行 JavaScript 语句时将忽视注释。此外，JavaScript 还支持 CSS 的注释方式，当多行语句需要作为注释时，可以通过"/*"和"*/"来添加注释。例如：

```
1.   //后面和//处于同一行的语句被视为注释
2.   //当注释较为简短时，采用//的方式很管用
3.   /*当注释语句占一行时，也可以用这种方式，注意：如果注释语句占据多行时，则必须用这种方式*/
```

2.4　常用的 Web 开发工具

如前文所述，常见的文本编辑器都可以作为开发工具来编写 HTML、CSS 和 JavaScript

程序。现有的一些专门为编写程序而设计的代码编辑器，提供了诸如语法高亮显示、智能代码补全、动态错误检测、括号匹配、代码快速导航、丰富的快捷键等功能，为编程带来了极大的便利，已成为程序员的首选。本节将简要介绍几种常用的 Web 开发工具，开发者可根据自己的偏好选择任意一种 Web 开发工具来进行编程。

2.4.1　Visual Studio Code

Visual Studio Code 是微软推出的一款功能强大的轻量级代码编辑器，该编辑器免费、开源，可在桌面端运行，适用于 Windows、Mac 和 Linux 操作系统，内置支持 JavaScript、TypeScript 和 Node.js，同时还提供了对其他一些编程语言（如 C++、C#、Java、Python、PHP、Go）和运行时（如.NET 和 Unity）的扩展支持，轻量级的特征意味着 Visual Studio Code 有大量的插件可用。Visual Studio Code 的运行界面如图 2-2 所示。

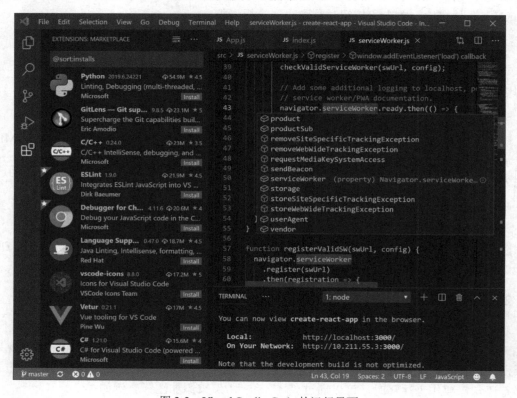

图 2-2　Visual Studio Code 的运行界面

2.4.2　Sublime Text

Sublime Text 是一款跨平台的代码编辑器，支持 Windows、Linux 和 Mac 操作系统，同样支持多种编程语言，并具备良好的扩展能力。Sublime Text 是一款收费软件，但用户可以无限期地免费试用。通过 Sublime Text 编写 JavaScript 程序时需配置相应的编程环境或安装相应的插件。Sublime Text 的运行界面如图 2-3 所示。

图 2-3　Sublime Text 的运行界面

2.4.3　WebStorm

WebStorm 是 JetBrains 公司旗下一款 JavaScript 程序开发工具，号称"最智能的 JavaScript IDE"，在国内享有盛誉。凭借各种内置的开发者工具，以及对语言和框架开箱即用的支持，WebStorm 提供了 JavaScript 高效开发所需的一切，连服务器环境都不需要配置。不过这也意味着 WebStorm 不像以上 Web 开发工具那样都属于轻量级开发工具，但仍能够快速启动和运行。WebStorm 也是一款收费软件，只提供了 30 天免费试用期。WebStorm 的运行界面如图 2-4 所示。本书将选择使用 WebStorm 进行开发。

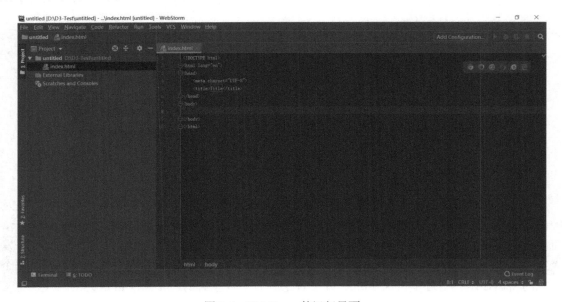

图 2-4　WebStorm 的运行界面

2.5 浏览器调试

Web 开发的成果最终要通过浏览器来解析、编译和执行，2.4 节介绍的 Web 开发工具都能进行代码调试，但离不开浏览器的支持。浏览器的种类众多，常见的有 Internet Explorer、Firefox、Chrome 等，这些浏览器各具特色。其中，由 Google 开发的免费开源浏览器 Chrome，凭借其内置的一套强大的网页制作与调试工具，允许开发者深入浏览器和网页应用程序内部，能够有效追踪网页布局问题和 JavaScript 代码问题，深受开发者的欢迎。本书的所有案例都通过 Chrome 浏览器来进行展示，本节将以 Chrome 85.0.4183.83 正式版本（64 位）为例，简要介绍 Chrome 浏览器的与开发和调试相关的核心功能。

2.5.1　查看源代码

通过 Chrome 浏览器打开已编写好的 HTML 文档，在网页上单击鼠标右键，在弹出的右键菜单中选择"查看网页源代码"，即可看到 HTML 文档的内容，如图 2-5 所示。

图 2-5　HTML 文档的内容

2.5.2　开发者工具

2.5.2.1　打开开发者工具

通过 Chrome 浏览器打开已编写好的 HTML 文档，单击右上角竖着的三个点（自定义及控制 Google Chrome），在弹出的菜单中选择"更多工具"→"开发者工具"，如图 2-6 所示，可打开如图 2-7 所示的 Chrome 开发者工具。开发者也可以使用快捷键 F12 打开 Chrome 开发者工具。Chrome 开发者工具既可以放在 Chrome 浏览器的左侧、下方或右侧，也可以以一个独立的窗口显示。通过单击 Chrome 开发者工具右上角竖着的三个点（自定义控制开发者工具），可以设置 Chrome 开发者工具，如图 2-8 所示。

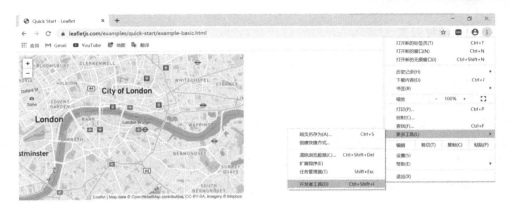

图 2-6　选择"更多工具"→"开发者工具"

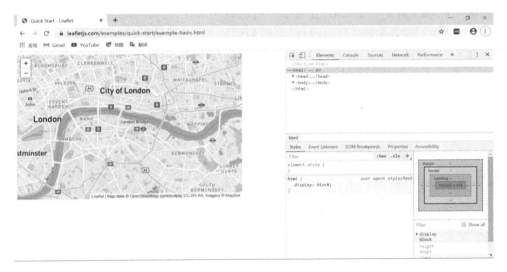

图 2-7　Chrome 开发者工具

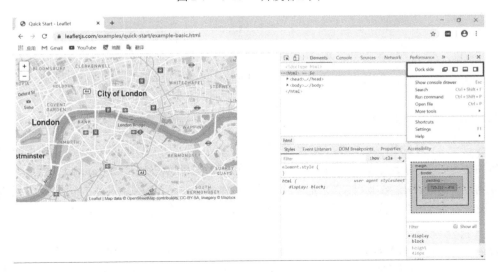

图 2-8　设置 Chrome 开发者工具

2.5.2.2 检视元素

Chrome 开发者工具可以检视 HTML 文档中的所有元素。在 Chrome 开发者工具的"Elements"面板下，将鼠标光标移动到任何一个描述 HTML 元素的标签语句上，就会在 HTML 网页上高亮突出显示该元素，并有文本提示该元素的类别和若干 CSS 样式属性等信息，如图 2-9 所示。若鼠标单击该标签语句，则会显示对应的 HTML 元素在 DOM 中的层次节点位置（见图 2-9 中的方框），并且会在"Styles"面板下显示对应 HTML 元素的 CSS 样式属性和值，修改这些属性和值后的效果将立即在 HTML 网页上显示出来。此外，将鼠标光标移动到图 2-9 方框内 DOM 的各个节点上，或者单击图 2-9 方框内 DOM 的各个节点，也能实现 HTML 元素的检视。

在调试代码的过程中，经常需要通过 HTML 元素定位"Elements"面板下对应的标签语句。将鼠标光标移动到某个 HTML 元素上，右键单击该元素，在弹出的右键菜单中选择"检查"即可实现定位；或者单击"Elements"面板旁边的"⌖"按钮后，将鼠标光标移动到 HTML 元素上，此时将详细显示该元素的类别和 CSS 样式属性，单击该元素同样也可以定位到"Elements"面板下的对应标签语句上。

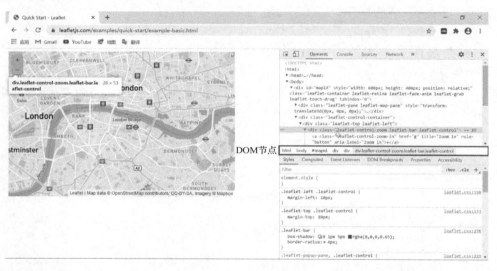

图 2-9　检视 HTML 元素

2.5.2.3 盒子模型

当检视一个 HTML 元素时，如果仔细观察，在"Styles"面板的最下方会发现一个由几个嵌套的矩形组成的示意图。当开发者单击"Styles"面板旁边的"Computed"面板时，同样也能看到这个示意图，实际上，这是一个盒子模型，反映了元素的位置、外边距、边框、内边距、长、宽等 CSS 样式信息。要理解这个模型，就需要了解浏览器渲染 HTML 各个元素的过程。

浏览器在解析 HTML 元素后将产生 DOM，首先将 CSS 样式规则应用到 DOM 中的各个节点，然后在屏幕上按像素绘制出来[11]。对于浏览器而言，一切都被视为一个盒子，即一个具备位置、外边距、边框、内边距、长、宽等属性的矩形框，屏幕本身就是一个大盒子，浏览器和 HTML 网页上所有 HTML 元素都装在这个大盒子里面的小盒子中，如图 2-10 所示。"Computed"面板内盒子模型的位置、外边距、边框、内边距、长、宽等属性在盒子模型示意图上都有标明，当鼠标光标移动到示意图的某个属性项上时，HTML 网页中对应的样式将高亮突出显示，双击盒子模型上对应位置的属性值，可以修改属性值，修改后的效果也会立即在 HTML 网页上显示出来。另外，盒子模型下方的列表显示了 CSS 样式的各项属性设置，展开后，通过属性值旁边的箭头可定位到"Styles"面板内的样式设置处。

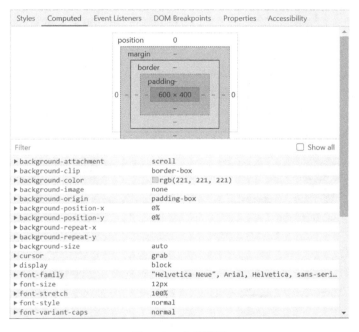

图 2-10 盒子模型

2.5.2.4 控制台

Chrome 开发者工具的"Console"面板即控制台面板，如图 2-11 所示，可以监控代码的执行情况。控制台面板内一次只接收一行代码，不管开发者输入什么都会返回结果，如输入数字 8，按回车键后将显示 8。上文中用到的 console.log()方法就是在控制台面板内显示括号内的内容，开发者经常用该方法来记录代码的诊断信息，如变量值的变化。此外，开发者还可以直接在控制台面板上评估表达式。本节以 2.3.2.4 节介绍的算术运算符的第一个示例为例，在控制台面板上输入变量 a、b、c，并分别为变量 a 和 b 赋值 5 和 2，变量 c 通过计算表达式赋值，控制台面板上将返回变量 c 的计算结果。

Chrome 开发者工具的"Console"面板经常和"Sources"面板（见图 2-12）结合起来使用。"Sources"面板能够看到所有.html、.css、.js 等文件的源代码，开发者可以单击代码左侧显示的行号来设置断点，以便进行调试（图 2-12 中设置了 3 个断点，设置断点后的代码行号会显示蓝色背景），"Sources"面板右侧提供了对这些断点的监控功能。在"Console"面板内输入代码内声明的全局变量名来监控这些变量的变化。

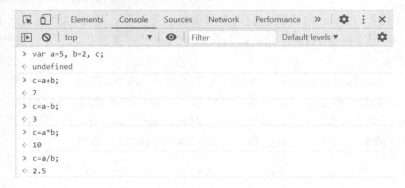

图 2-11　　"Console"面板

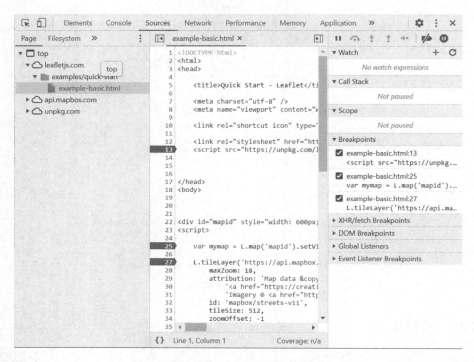

图 2-12　　"Sources"面板

2.6　本章小结

　　本章从 HTML、CSS、JavaScript 和 Web 开发工具四个方面简要介绍了 Web 开发的基础知识，掌握这些基础知识后，就可以开始本书后续章节的学习，正式进入在线交互式地图可视化的开发。当然，要完成一些较为复杂的 Web 功能，本章介绍的基础知识是远远不够的，还需通过其他 Web 开发教材或网站进一步学习，如本书参考文献列举的一些资料，都是很好的学习素材。本书后续章节还会通过一些案例进一步讲解 Web 开发。

Leaflet 是一款轻量级开源交互式地图可视化 JavaScript 库。Leaflet 官网提供了翔实的文档，开发者可以分门别类地查看 Leaflet 的各种 API，如图 3-1 所示。此外，Leaflet 官网还提供了大量的插件，如图 3-2 所示，可供功能扩展使用，能够满足大多数开发者的地图可视化需求。本章将介绍通过 Leaflet 实现地图可视化的一些基础知识，在本书配套的资源中可以找到对应的代码。

Map	UI Layers	Other Layers	Utility	Base Classes
Usage example	Marker	LayerGroup	Browser	Class
Creation	Popup	FeatureGroup	Util	Evented
Options	Tooltip	GeoJSON	Transformation	Layer
Events		GridLayer	LineUtil	Interactive layer
	Raster Layers		PolyUtil	Control
Map Methods		Basic Types		Handler
	TileLayer		DOM Utility	Projection
Modifying map state	TileLayer.WMS	LatLng		CRS
Getting map state	ImageOverlay	LatLngBounds	DomEvent	Renderer
Layers and controls	VideoOverlay	Point	DomUtil	
Conversion methods		Bounds	PosAnimation	Misc
Other methods	Vector Layers	Icon	Draggable	
		DivIcon		Event objects
Map Misc	Path			global switches
	Polyline	Controls		noConflict
Properties	Polygon			version
Panes	Rectangle	Zoom		
	Circle	Attribution		
	CircleMarker	Layers		
	SVGOverlay	Scale		
	SVG			
	Canvas			

图 3-1　Leaflet 提供的 API（来源：Leaflet 官网）

Tile & image layers	Overlay Display	Map interaction	Miscellaneous
Basemap providers	Markers & renderers	Layer switching controls	Geoprocessing
Basemap formats	Overlay animations	Interactive pan/zoom	Routing
Non-map base layers	Clustering/decluttering	Bookmarked pan/zoom	Geocoding
Tile/image display	Heatmaps	Fullscreen	Plugin collections
Tile load	DataViz	Minimaps & synced maps	
Vector tiles		Measurement	Integration
	Overlay interaction	Mouse coordinates	
Overlay data		Events	Frameworks & build systems
	Edit geometries	User interface	3rd party
Overlay data formats	Time & elevation	Print/export	
Dynamic data loading	Search & popups	Geolocation	
Synthetic overlays	Area/overlay selection		Develop your own
Data providers			

图 3-2　Leaflet 提供的插件（来源：Leaflet 官网）

3.1 开发环境的搭建

3.1.1 下载 Leaflet 压缩包

进入 Leaflet 官网，在下载页面选择 Leaflet 的最新版本（编写本书时，Leaflet 的最新版本是 1.7.1），将 leaflet.zip 文件下载到本地文件夹，解压缩后会看到一个名为 images 的文件夹和其他 7 个文件（分别是 leaflet.css、leaflet.js、leaflet.js.map、leaflet-src.esm.js、leaflet-src.esm.js.map、leaflet-src.js、leaflet-src.js.map）。Leaflet 官网对其中几个重要的文件及 images 文件夹进行了说明，基于 Leaflet 的地图可视化都必须依赖以下文件。

（1）leaflet.js：压缩版的 Leaflet 开发包，体量小，便于快速加载。

（2）leaflet-src.js：非压缩版的 Leaflet 开发包，功能和 leaflet.js 一样，体量更大，但在开发时有助于代码调试。建议开发过程中使用该版本，在发布成果时使用 leaflet.js 替换该版本。本书使用的是 leaflet-src.js 版本。

（3）leaflet.css：Leaflet 提供的 CSS 样式库。

（4）images：该文件夹包含了 leaflet.css 引用的一些图片，必须和 leaflet.css 位于同一个文件夹下。

除此之外，leaflet.js、leaflet-src.js 文件都对应有一个扩展名为.map 的 Source map 文件，在代码调试时有助于定位出错位置[28]，建议和 leaflet.js、leaflet-src.js 文件放在同一个文件夹下，避免浏览器开发者工具在运行时提示警告。

3.1.2 引用 Leaflet

选择一个开发工具（如 WebStorm），新建一个工程，在该工程内新建两个文件夹 JS 和 CSS，分别用于放置工程所需的.js 文件和.css 文件。将解压缩后的 leaflet-src.js 和 leaflet-src.js.map 复制到 JS 文件夹下，将解压缩后的 leaflet.css 复制到 CSS 文件夹，同时，将解压缩后的文件夹 images 也复制到 CSS 文件夹下。为了方便表述，本书将 leaflet-src.js 重命名为 leaflet.js，在发布成果时可用下载的压缩版 leaflet.js 替换该文档。

在工程内新建一个 HTML 文档，在文档头部即 head 元素中，分别引用 CSS 文件夹下的 leaflet.css 和 JS 文件夹下的 leaflet.js，代码如下：

```
1.  <link rel="stylesheet" href="CSS/leaflet.css">
2.  <script src="JS/leaflet.js"></script>
```

其中，引用的 leaflet.css 和 leaflet.js 也可以是网络资源，例如：

```
1.  <link rel="stylesheet" href="https://unpkg.com/leaflet@1.6.0/dist/leaflet.css" />
2.  <script src="https://unpkg.com/leaflet@1.6.0/dist/leaflet.js"></script>
```

为了避免潜在的安全问题，当引用网络资源时，为了防止引用的网络资源被篡改，建议在以上两个标签中添加 integrity 属性，属性值为 Leaflet 官网的指定值。此外，由于涉及其他网站的资源，这将涉及跨域问题，因此还需添加 crossorigin 属性，这样便于在跨域访问时有更好的错误处理体验，如：

```
1.  <link rel="stylesheet" href="https://unpkg.com/leaflet@1.6.0/dist/leaflet.css" integrity="sha512-xwE/Az9zrj
BIphAcBb3F6JVqxf46+CDLwfLMHloNu6KEQCAWi6HcDUbeOfBIptF7tcCzusKFjFw2yuvEpDL9wQ=="
crossorigin=""/>
2.  <script src="https://unpkg.com/leaflet@1.6.0/dist/leaflet.js" integrity="sha512-gZwIG9x3wUXg2hdXF6+rVkLF/
0Vi9U8D2Ntg4Ga5I5BZpVkVxlJWbSQtXPSiUTtC0TjtGOmxa1AJPuV0CPthew==" crossorigin=""></script>
```

尽管如此，还是建议下载 Leaflet.zip 后再引用 HTML 文档，在发布成果时，将这些文件一起发布，以免网络资源丢失导致地图可视化的失败。至此，HTML 文档已配置好 Leaflet 开发环境，如下所示（详见本书配套资源中的 3-1.html）：

```
1.  <!DOCTYPE html>
2.  <html lang="en">
3.  <head>
4.      <meta charset="UTF-8">
5.      <title>3-1 开发环境准备</title>
6.      <link rel="stylesheet" href="CSS/leaflet.css">
7.      <script src="JS/leaflet.js"></script>
8.  </head>
9.  <body>
10.     <script>
11.         //开始地图可视化之旅吧！
12.     </script>
13. </body>
14. </html>
```

在上面给出的代码中，<meta>标签用于提供关于 HTML 文档的一些描述性信息，该标签永远位于 head 元素内，其属性定义以名称/值的形式成对传递，如"charset="UTF-8""，这将告知浏览器该 HTML 文档的字符编码类型是 UTF-8，以便浏览器能够正确地解析该 HTML 文档。在 body 元素的<script>标签内，所有与地图操作相关的 JavaScript 代码均可放在此处。其他标签在第 2 章已有讲解，此处不再赘述。

3.2　地图加载

3.2.1　Mapbox 栅格瓦片地图服务

按照 Leaflet 官网提供的示例教程，本节以 Mapbox 栅格瓦片地图的加载为例，介绍 Leaflet 地图加载的基本过程。

首先新建一个 HTML 文档，在 HTML 文档中配置好 Leaflet 开发环境；然后在 HTML 文档中添加一个 div 元素，作为放置地图的容器，并设置其 id 属性。在下面的示例中，将 id 设置为"mapid"，基于地图的所有操作都需使用这个 id。此外，还需要为容器指定大小，即设置容器的长、宽属性，如下所示：

```
1.   <div id="mapid" style="width: 600px; height: 400px;"></div>
```

将 div 元素的 id 作为参数传递给 L.map()方法，以便实例化一个地图对象，即创建一个具有自身特定属性的具体地图对象，例如：

```
1.   var myMap = L.map('mapid', {
2.       center: [30.55, 114.3],
3.       zoom: 10
4.   });
```

L.map()方法有两个参数，其中第二个参数是可选参数。在上面的示例中，L.map()方法第二个参数传递了一个对象，该对象的 center 属性和 zoom 属性分别用于设定地图初始化显示时的中心地理坐标（如纬度 30.55°、经度 114.3°）和地图缩放等级（不同的地图缩放等级对应不同的地图比例尺）。除此之外，也可以设置其他很多选项，如控件、交互、动画、鼠标、键盘、触屏等选项，不同选项的设置将提供不同的地图页面功能。在上面的示例中，选用的是地图状态选项。

当不指定 L.map()方法的第二个参数时，仍然可以实例化一个地图对象，例如：

```
1.   var myMap = L.map('mapid');                    //实例化地图对象
2.   myMap.setView([30.55, 114.3], 10);            //设置地图显示中心及地图缩放等级
```

上面的两行代码首先实例化了一个地图对象 myMap，然后调用该对象的方法 setView()设置了地图初始化显示时的中心地理坐标和地图缩放等级，只不过将以上 center 的属性值和 zoom 的属性值作为参数传递给了 setView()方法。上面的两行代码还可以简化为：

```
1.   var myMap = L.map('mapid').setView([30.55, 114.3], 10);
```

至此，运行代码，在浏览器上已经能看到灰色的地图容器。地图实例化后的运行效果如图 3-3 所示，图中左上角已默认放置了地图缩放按钮，当鼠标光标移动到地图容器上时，光标将变为手状，此时地图上所有的鼠标和接触交互功能均已生效，只是还看不到地图，这是因为目前还没有在地图容器中添加数据。

图 3-3　地图实例化后的运行效果

和大多数 GIS 软件一样，Leaflet 也是以图层的形式将数据添加到地图上的。接下来将介

绍 Leaflet 如何加载 Mapbox 栅格瓦片图层。Leaflet 加载瓦片图层（也称为切片图层）需要用到 L.tilelayer() 方法，该方法有两个参数，其中，第二个参数是可选参数，第一个参数需要传递一个类似"http://{s}.somedomain.com/blabla/{z}/{x}/{y}{r}.png"的网址，用于访问瓦片地图服务，瓦片地图服务提供商会提供对该网址的说明和示例。值得注意的是，其中 z 表示地图缩放等级，x 和 y 分别是各个瓦片的列号和行号。在不同的地图缩放等级时，地图会根据一定的规则被切割为不同数量的瓦片，然后被发布为瓦片地图服务，z、x、y 的设置用于确定不同的地图缩放等级对应的瓦片序列。r 则被用于添加"@2x"之类的瓦片缩放比例因子。在上面的网址中，开发者也可以先自定义关键字，然后在 L.tilelayer() 方法第二个参数中对该关键字进行说明，例如：

```
1.  L.tileLayer('http://{s}.somedomain.com/{foo}/{z}/{x}/{y}.png', {foo: 'bar'});
```

地图瓦片示例如图 3-4 所示。

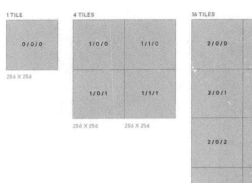

图 3-4　地图瓦片示例[29]

瓦片图层除了包括上述的瓦片服务网址信息，通常还包括一些版权说明之类的属性文字、最大地图缩放等级等信息，这些信息可以放在 L.tilelayer() 方法第二个参数中。注意，该参数是一个对象，通过花括号将这些信息囊括在一起。例如：

```
1.  L.tileLayer('https://api.mapbox.com/styles/v1/{id}/tiles/{z}/{x}/{y}?access_token={accessToken}', {
2.      maxZoom: 18,                //最大地图缩放等级
3.      attribution: 'Map data © <a href="https://www.openstreetmap.org/">OpenStreetMap</a> contributors, ' +
4.              '<a href="https://creativecommons.org/licenses/by-sa/2.0/">CC-BY-SA</a>, ' +
5.              'Imagery © <a href="https://www.mapbox.com/">Mapbox</a>',   //数据来源、知识版权等属性
6.      id: "mapbox/streets-v11",          //服务 ID
7.      tileSize: 512,                 //瓦片尺寸
8.      zoomOffset: -1,                //补偿地图缩放等级偏差
9.      accessToken:'pk.eyJ1IjoibWFwYm94IiwiYSI6ImNpejY4NXVycTA2emYycXBndHRqcmZ3N3gifQ.rJcFIG
214AriISLbB6B5aw'   //授权令牌
10. }).addTo(myMap);
```

本节将使用 Mapbox 静态瓦片（Static Tiles）服务发布的样式 ID 为"mapbox/streets-v11"

的瓦片服务，该服务可通过 1.1.2.1 节介绍的 Mapbox Studio 来发布。要使用该瓦片，需要一个授权访问令牌。在 Mapbox Studio 网站注册后，发布地图服务或获取其已有的地图服务都会自动产生该令牌，如上例"accessToken"后面的一长串字符串。由于 Mapbox 的静态瓦片服务发布的瓦片大小是 512 px×512 px，而不是常见的 256 px×256 px，因此需要在 L.tilelayer()方法第二个参数中特别指明"tileSize: 512"。此外，通过将 zoomOffset 设置为-1 可以补偿地图缩放等级的偏差。将 L.tilelayer()方法创建的瓦片图层通过 addTo()方法添加到实例化后的地图对象 myMap 中，即可完成 Mapbox 栅格瓦片地图的加载。完整的代码详见本书配套资源中的 3-2.html，在浏览器中运行后的效果如图 3-5 所示，武汉市显示在地图中心。

图 3-5　Mapbox 栅格瓦片地图加载后的效果

L.tilelayer()方法第二个参数中的属性设置显示在地图右下角处，标注这些信息用以尊重相关版权条例。除了 Mapbox，还有很多栅格瓦片地图服务提供商，OpenWhateverMap 网站将这些地图服务进行了集成（见图 3-6），将相邻区域的地图放在彼此相邻的正方形范围内，共同组成了一幅完整的世界地图，单击其中任何一个正方形，就能够查看地图服务提供商，以及类似 Mapbox 的瓦片地图服务网址，利用 Leaflet 加载这些瓦片地图服务的方法和加载 Mapbox 栅格瓦片地图服务的方法一样，改变 L.tilelayer()方法中的参数即可，读者不妨试一试。

3.2.2　国内地图服务

作为一款轻量级开源交互式地图可视化 JavaScript 库，Leaflet 提供了很多用于功能扩展的插件。进入 Leaflet 官网后，单击"Plugins"即可分类查看 Leaflet 提供的插件（见图 3-2）。其中，调用国内地图服务需要用到 Leaflet.ChineseTmsProviders 插件，找到该插件后可以查看该插件的说明和示例，单击该插件可打开如图 3-7 所示的下载页面。

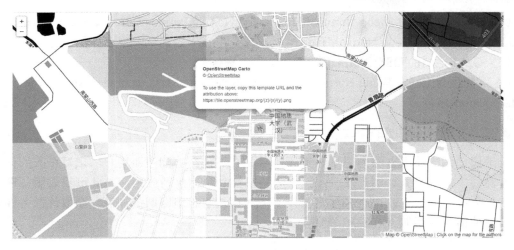

图 3-6　栅格瓦片地图服务集锦（来源：OpenWhateverMap 网站）

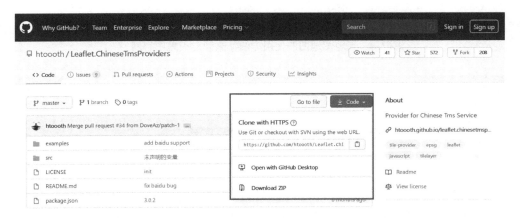

图 3-7　Leaflet.ChineseTmsProviders 插件下载页面

在图 3-7 中，单击"Code"→"Download ZIP"可将该插件的压缩包下载到本地。解压缩后，在 src 文件夹下找到 leaflet.ChineseTmsProviders.js，将该文件复制到前文工程的 JS 文件夹下。在新建的 HTML 文档头部（即 head 元素）中，除了需要按照 3.1.2 节介绍的方法引用 Leaflet 相关文件，还需要引用 JS 文件夹下的 leaflet.ChineseTmsProviders.js，代码如下：

```
1.  <script src="JS/leaflet.ChineseTmsProviders.js"></script>
```

至此，HTML 文档便可使用 Leaflet.ChineseTmsProviders 插件来调用地图服务。Leaflet.ChineseTmsProviders 插件当前支持的瓦片图层类型包括：

（1）天地图地图的 TianDiTu.Normal.Map、TianDiTu.Normal.Annotation、TianDiTu.Satellite.Map、TianDiTu.Satellite.Annotation、TianDiTu.Terrain.Map、TianDiTu.Terrain.Annotation。

（2）高德地图的 GaoDe.Normal.Map（含注记）、GaoDe.Satellite.Map、GaoDe.Satellite.Annotation。

（3）Google Maps 的 Google.Normal.Map (include Annotion)、Google.Satellite.Map (exclude Annotion)、Google.Satellite.Map (include Annotion)。

（4）Geoq 地图的 Geoq.Normal.Map、Geoq.Normal.PurplishBlue、Geoq.Normal.Gray、Geoq.Normal.Warm、Geoq.Normal.Hydro。

（5）OSM 地图的 OSM.Normal.Map。

（6）百度地图的 Baidu.Normal.Map、Baidu.Satellite.Map（exclude Annotion）、Baidu.Satellite.Annotion。

3.2.2.1　天地图地图的加载

天地图地图的使用方法如图 3-8 所示，首先在天地图官网注册用户，填写个人的详细信息后；然后申请成为天地图开发者；接着需要在控制台创建新应用，由此可获取服务许可，如图 3-9 所示。在图 3-9 中，"Key 名称"下方对应的字符串即服务许可，获取该服务许可之后，便可使用天地图的 API 及相关服务。

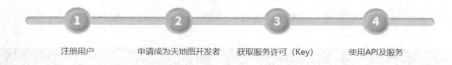

图 3-8　天地图地图的使用方法（来源：天地图官网）

应用管理	应用管理			＋创建新应用
回收站	应用名称	Key名称	应用类型	操作
账号信息	加载天地图	8c⬛⬛⬛⬛⬛⬛⬛⬛⬛⬛⬛⬛⬛⬛ad2	浏览器端	设置 删除
访问统计				
服务调用配额说明	您当前创建了1个应用			< 1 >

图 3-9　服务许可获取

和加载 Mapbox 栅格瓦片地图一样，在使用天地图地图时，首先要在 HTML 文档中添加一个 id 为"mapid"的 div 元素作为放置地图的容器，然后通过 L.map()方法实例化一个地图对象。和加载 Mapbox 栅格瓦片地图不同的是，在向地图添加数据时，如果将天地图地图的常规地图图层 TianDiTu.Normal.Map 加载到地图上，则需要将 TianDiTu.Normal.Map 作为参数传递给 L.tileLayer.chinaProvider()，这样将返回一个 L.tileLayer 实例对象，即天地图地图的常规地图图层。至此便可通过 addTo()方法将天地图地图的常规地图图层加载到实例化后的地图对象中。代码如下：

```
1.   var myMap = L.map('mapid', {
2.       center: [30.55, 114.3],
3.       zoom: 10
4.   });
5.   L.tileLayer.chinaProvider('TianDiTu.Normal.Map',{
6.       key: "8d……ad2",              //天地图地图服务许可
7.       maxZoom:18,                    //最大地图缩放等级
8.       minZoom:5                      //最小地图缩放等级
9.   }).addTo(myMap);
```

　　上面的代码加载了一个 TianDiTu.Normal.Map 瓦片图层，您也可以尝试加载天地图地图的其他类型的瓦片图层。L.tileLayer.chinaProvider()方法第二个参数是一个对象，其中，key 属性对应图 3-9 中的服务许可，用户通过上文介绍的方式获取天地图地图服务许可后，即可将 key 属性后的字符串替换为获取的服务许可字符串。在使用天地图提供的地图服务时，该属性缺一不可。此外，maxZoom 属性和 minZoom 属性指定了最大地图缩放等级和最小地图缩放等级。完整的代码请参考本书配套资源中的 3-3.html，加载天地图地图的瓦片图层后的效果如图 3-10 所示。

图 3-10　加载天地图地图的瓦片图层后的效果

　　图 3-10 中没有任何注记，这是因为天地图地图将注记单独作为一个图层发布，3.3 节将介绍如何在地图上加载覆盖图层。

3.2.2.2　百度地图的加载

　　目前国内的在线地图主要有以下三种坐标系[30]：

　　（1）WGS84：是一种大地坐标系，也是目前广泛使用的 GPS（全球卫星定位系统）坐标系。

　　（2）GCJ02：也称为火星坐标系，是由原国家测绘局制定的地理信息系统的坐标系，是 WGS84 坐标系加密后的坐标系。

　　（3）BD09：百度坐标系，在 GCJ02 坐标系基础上再次加密。其中 BD09II 表示百度经纬度坐标，BD09mc 表示百度墨卡托米制坐标。

　　百度地图在国内（包括港澳台）使用的是 BD09，在非中国地区统一使用 WGS84。Leaflet 中定义的坐标系主要有 EPSG:3395、EPSG:3857、EPSG:4326 等[31]，其中，EPSG（European Petroleum Survey Group）对一大批空间参考坐标系进行了编号，使得每个坐标系都有一个唯一的 ID。用户可通过 Spatial Reference 的官方网站或在网址"http://epsg.io/"后面附加坐标系对应的数字编号（如"http://epsg.io/3857"）来查看每种坐标系的详细信息。Leaflet 在通过 L.map()方法实例化地图对象时，默认的坐标系是 EPSG:3857，该坐标系是一种球面墨卡托（Spherical Mercator）投影坐标系，是在线地图最为常用的一种坐标系，几乎所有免费或商用的瓦片地图服务提供商都在使用这种坐标系。由于两个基于不同坐标系的地图数据是无法相互匹配的，因此在使用百度地图之前，需要进行坐标转换，否则将无法在 Leaflet 地图容器内正确显示地图。

在 Leaflet 中使用没有定义的坐标系时，需要使用 Proj4Leaflet 插件。在 Leaflet 官网单击"Plugins"找到 Proj4Leaflet 插件，从对 Proj4Leaflet 的描述可以看出，Proj4Leaflet 集成了 Proj4js，允许用户在 Leaflet 中使用各种地图投影。其中 Proj4js 是一个用于坐标转换的 JavaScript 库，通过 Proj4Leaflet 和 Proj4js 的超链接，可下载相应的源代码文件（Proj4Leaflet 源代码的 lib 文件中已自带 proj4.js，可直接使用），从解压缩后的文件中找到 proj4leaflet.js 和 proj4.js，将这两个文件复制到工程的 JS 文件夹下。在新建的 HTML 文档头部（即 head 元素）中，除了需要按照 3.1.2 节绍的方法引用 Leaflet 相关文件和 leaflet.ChineseTmsProviders.js，还需要引用 JS 文件夹下的 proj4leaflet.js 和 proj4.js。代码如下：

```
1.   <script src="JS/proj4.js"></script>
2.   <script src="JS/proj4leaflet.js"></script>
3.   <script src="JS/leaflet.ChineseTmsProviders.js"></script>
```

此处需要注意的是，由于 Proj4Leaflet 源代码集成了 proj4.js，需要由 proj4.js 作为支撑；在使用 leaflet.ChineseTmsProviders.js 加载地图时，需要进行坐标转换，坐标转换需要由 proj4leaflet.js 作为支撑，因此浏览器在解析 HTML 文档时，必须依次解析 proj4.js、proj4leaflet.js 和 leaflet.ChineseTmsProviders.js，三者的导入顺序不能颠倒，必须按以上代码的顺序引用，否则浏览器在调试时会出现错误。

接下来在 HTML 文档中添加一个 id 为"mapid"的 div 元素作为放置地图的容器，通过 L.map() 方法实例化一个地图对象。由于 L.map() 方法默认的坐标系是 EPSG:3857，因此需要先指定坐标系属性 crs 值为百度坐标系，然后通过 L.tileLayer.chinaProvider() 方法和 addTo() 方法加载百度地图的常规地图图层。代码如下：

```
1.   var myMap = L.map('mapid', {
2.       crs: L.CRS.Baidu,                        //百度坐标系
3.       center: [30.55, 114.3],                  //可尝试修改该组数字
4.       zoom: 10                                 //可尝试修改该组数字
5.   });
6.   L.tileLayer.chinaProvider('Baidu.Normal.Map', {  //百度地图的常规地图图层
7.       maxZoom: 18,                             //最大地图缩放等级
8.       minZoom: 5                               //最小地图缩放等级
9.   }).addTo(myMap);
```

上面的代码加载了一个百度地图的常规地图图层 Baidu.Normal.Map，您也可以尝试加载 Leaflet.ChineseTmsProviders 插件支持的其他类型百度地图图层，完整的代码请参考本书配套资源中的 3-4.html。加载百度地图的常规地图图层后的效果如图 3-11 所示。

3.2.2.3　高德地图的加载

高德地图的加载方法和天地图地图的加载方法一样，不同的是，高德地图的加载不需要服务许可，只需要将天地图地图图层换成高德地图图层。新建 HTML 文档后，首先在 HTML

文档头部（即 head 元素）中引用 Leaflet 相关文件和 leaflet.ChineseTmsProviders.js，然后在 HTML 文档中添加一个 id 为 "mapid" 的 div 元素作为放置地图的容器，接着通过 L.map()方法实例化一个地图对象，最后通过 L.tileLayer.chinaProvider()方法和 addTo()方法加载高德地图的常规地图图层。代码如下：

图 3-11　加载百度地图的地图的常规地图图层后的效果

```
1.  var myMap = L.map('mapid', {
2.      center: [30.55, 114.3],              //可尝试修改该组数字
3.      zoom: 10                             //可尝试修改该组数字
4.  });
5.  L.tileLayer.chinaProvider('GaoDe.Normal.Map',{    //高德地图的常规地图图层
6.      maxZoom:18,                         //最大地图缩放等级
7.      minZoom:5                           //最小地图缩放等级
8.  }).addTo(myMap);
```

上面的代码加载了一个高德地图的常规地图图层 GaoDe.Normal.Map，您也可以尝试加载 Leaflet.ChineseTmsProviders 插件支持的其他类型高德地图图层，完整的代码请参考本书配套资源中的 3-5.html。加载高德地图的常规地图图层后的效果如图 3-12 所示。

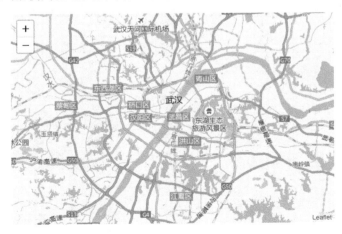

图 3-12　加载高德地图的常规地图图层后的效果

3.2.3 覆盖图层加载

在 3.2.2 节中加载的地图大多是作为底图使用的,在此基础上,还可以叠加一些覆盖图层,用于加载如 GeoJSON、GPX、KML、CSV、Shapefile 等格式的数据,从而满足更进一步的应用需求。当前,GeoJSON 数据已经成为众多 GIS 技术和服务经常使用的一种数据。1.2.3 节对 GeoJSON 进行了简要介绍,本节以 GeoJSON 数据为例,介绍覆盖图层的加载。Leaflet 支持 GeoJSON 的所有类型数据,加载 GeoJSON 数据的方法有很多,本节将介绍几种常用的方法。

3.2.3.1 GeoJSON 数据的加载方法

1)将 GeoJSON 数据写入代码

这种方法是指在代码中定义一个变量,用于存储 GeoJSON 数据对象。代码如下:

```
1.  var geojsonFeature={
2.      "type":"Feature",
3.      "properties":{
4.          "名称":"中国地质大学(武汉)未来城校区",
5.      },
6.      "geometry":{
7.          "type":"Point",
8.          "coordinates":[114.61225032806398,30.45973503762294]
9.      }
10. };
```

在 3.2.2.1 节加载天地图地图的瓦片图层的基础上,再加载 GeoJSON 数据,开发者可在本书配套资源 3-3.html 的基础上进行扩展。在 Leaflet 将 GeoJSON 对象添加到地图上时,需要用到 GeoJSON 图层,首先通过 L.geoJSON()方法可以创建一个 GeoJSON 图层,然后通过 addTo()方法即可将 GeoJSON 图层加载到地图上。代码如下:

```
1.  L.geoJSON(geojsonFeature).addTo(myMap);
```

运行代码后,可在武汉市东南方向看到多了一个标注点符号,这就是新增的一个 GeoJSON 数据(点数据),即中国地质大学(武汉)未来城校区所在地,如图 3-13 所示。

图 3-13　添加一个 GeoJSON 点数据后的效果

开发者可以将多个 GeoJSON 对象放在一个数组中，将多个 GeoJSON 对象一并加载到地图上。例如，下面的代码首先声明了一个数组变量 geojsonLine，然后将两个 GeoJSON 数据（线数据）赋给 geojsonLine。

```
1.  var geojsonLine=[{
2.      "type": "Feature",
3.      "properties": {
4.          "名称": "锦城街"
5.      },
6.      "geometry": {
7.          "type": "LineString",
8.          "coordinates": [
9.              [
10.                     114.60529804229736,
11.                     30.4621765060741
12.             ],
13.             [
14.                     114.60572719573975,
15.                     30.462398454717444
16.             ],
17.             [
18.                     114.61126327514648,
19.                     30.462620402855077
20.             ],
21.             [
22.                     114.61692810058594,
23.                     30.463064297613347
24.             ]
25.         ]
26.     }},
27.     {
28.         "type": "Feature",
29.         "properties": {
30.             "名称": "未来三路"
31.         },
32.         "geometry": {
33.             "type": "LineString",
34.             "coordinates": [
35.                 [
36.                         114.6053194999695,
37.                         30.4621765060741
38.                 ],
39.                 [
40.                         114.6053194999695,
41.                         30.461677119777708
42.                 ],
43.                 [
```

```
44.                          114.6053409576416,
45.                          30.460798563598427
46.                  ],
47.                  [
48.                          114.6053194999695,
49.                          30.45991999949615
50.                  ]
51.              ]
52.          }
53.      }];
```

开发者同样可以通过 L.geoJSON() 方法将上面的 GeoJSON 线数据加载到地图上,代码如下:

```
1.  L.geoJSON(geojsonLine).addTo(myMap);
```

此外,开发者也可以通过以下方法加载以上 GeoJSON 线数据:首先创建一个空的 GeoJSON 图层,并加载到地图上,然后通过 addData() 方法给这个空的 GeoJSON 图层加载上述的 GeoJSON 线数据。代码如下:

```
1.  var lineLayer = L.geoJSON().addTo(myMap);
2.  lineLayer.addData(geojsonLine);        //与以上代码等同
```

运行代码后,通过左上角的放大按钮或通过鼠标滚轮可将地图放大到中国地质大学(武汉)未来城校区所在地,可以看到地图上新增了两条 GeoJSON 线数据,分别是中国地质大学(武汉)未来城校区西边和北边的两条道路,如图 3-14 所示。完整的代码请参考本书配套资源中的 3-6.html。

图 3-14　添加一组 GeoJSON 线数据后的效果

2)加载独立的 GeoJSON 数据

当 GeoJSON 数据非常庞大时,将 GeoJSON 数据写入代码并不是一个很好的选择。如同将 JavaScript 代码存储为扩展名为.js 的独立文件一样,GeoJSON 数据一般也会使用一个扩展名为.json 或.geojson 的独立文件来存储,这样,JavaScript 代码就可以从外部加载 GeoJSON 数据。

Leaflet 提供了插件 Leaflet.Ajax,可以很方便地加载外部 GeoJSON 数据。进入 Leaflet 官

网后，单击"Plugins"，找到插件 Leaflet.Ajax 后可以查看该插件的说明和示例，单击该插件可打开该插件的下载页面。单击插件 Leaflet.Ajax 下载页面中的"Code"→"Download ZIP"可将该插件的压缩包下载到本地（可参考图 3-7）。解压缩后，在 dist 文件夹下找到 leaflet.ajax.js 和 leaflet.ajax.min.js 这两个 JavaScript 库，前者可在调试时使用，后者在对外发布时使用。

　　将 leaflet.ajax.js 文件复制到工程的 JS 文件夹下，网站功能实现后，在正式发布时可用 leaflet.ajax.min.js 替代 leaflet.ajax.js。这里仍以 3.2.2.1 节加载的天地图地图的瓦片图层为例，在 3-3.html 的基础上进行拓展，引用 JS 文件夹下的 leaflet.ajax.js。需要注意的是，必须先引用 leaflet.js 再引用 leaflet.ajax.js，否则将会调试出错。代码如下：

```
1.   <script src="JS/leaflet.ajax.js"></script>
```

　　这里加载工程 data 文件夹下的 featureCUG.geojson 数据。为了方便浏览，在通过 L.map() 方法实例化地图对象时，对其 center 属性和 zoom 属性稍做修改，使其定位于所加载地图数据的中心。代码如下：

```
1.   var myMap = L.map('mapid', {
2.       center: [30.46,114.612],
3.       zoom: 15,
4.   });
```

　　在加载天地图地图的瓦片图层之后，首先通过下面的方法创建一个 GeoJSON 图层，然后通过 addTo()方法将该图层加载到地图上。代码如下：

```
1.   var geojsonLayer = new L.GeoJSON.AJAX("data/featureCUG.geojson");       //加载位于 data 文件夹下的
featureCUG.geojson 数据
2.   geojsonLayer.addTo(myMap);
```

　　从上面的代码可以看出，该方法使用 AJAX 来访问 featureCUG.geojson 数据。AJAX 通过在后台与服务器进行少量数据交换来实现网页的异步更新，是一种无须重新加载整个网页就能更新部分网页的技术[32]。在上面的代码中，"data/featureCUG.geojson"可以替换为任何在网络上发布、共享的 GeoJSON 数据地址，完整的代码请参考本书配套资源中的 3-7.html。加载独立的 GeoJSON 数据后的效果如图 3-15 所示。

图 3-15　加载独立的 GeoJSON 数据后的效果

3）加载客户端计算机中的 GeoJSON 数据

上面介绍的 GeoJSON 数据加载方法将 GeoJSON 数据和代码放在一块，在对外发布时，将 GeoJSON 数据和代码一并放置到服务器端，用户无法进行修改。但在实际应用中，用户可能希望使用自己的数据来生成地图，因此有必要添加一个交互功能，让用户可以加载客户端计算机中的 GeoJSON 数据。

这里在 3-7.html 的基础上进行修改，首先在 HTML 文档的 head 元素中去掉对 leaflet.ajax.js 的引用，以及在\<script\>标签中去掉和 GeoJSON 图层创建与加载相关的代码，此处不再需要 leaflet.ajax.js。然后在 HTML 文档的\<body\>标签中新增一个 FileUpload 对象，该对象可以通过单击操作来打开一个选择文件的对话框。代码如下：

```
1.   <input type="file" name="JsonName" id="fileID"/>
```

注意，\<input\>标签没有结束标签。

接着在 HTML 文档的\<head\>标签中为新增的元素添加样式，使之处于网页合适的位置，代码如下：

```
1.   <style>
2.       #fileID{
3.           position: absolute;
4.           top: 20px;
5.           left:60px;
6.           cursor: pointer;              //设置鼠标样式
7.           z-index: 500;                 //设置元素的堆叠顺序，使之处于最顶端
8.       }
9.   </style>
```

最后添加用户交互响应，通过 HTML DOM 查找元素的方法 getElementById()找到 FileUpload 对象，代码如下：

```
1.   var fileInput=document.getElementById("fileID");
```

当用户选择待加载的 GeoJSON 数据文件时，将触发 onchange 事件，通过该事件可读取 GeoJSON 数据，将 GeoJSON 数据解析为 JSON 对象并赋值给一个变量，这相当于将 GeoJSON 数据写入代码，因此可以采用本节的第一种方法将 GeoJSON 数据添加到地图上。代码如下：

```
1.   fileInput.onchange=function(e) {
2.       var files = e.target.files;
3.       if(files && files.length > 0) {
4.           if (!/\.(geojson)$/.test(files[0].name)) {
5.               //正则表达式，用于判断扩展名是否是".geojson"
6.               alert('请选择 GeoJSON 数据!');
7.               return;
8.           };
9.           var reader = new FileReader();              //读取文件
10.          reader.readAsText(files[0], "UTF-8");       //将文件读取为文本
11.          reader.onload = function (evt) {
12.              //读取成功后回到这里
```

```
13.              var fileString = evt.target.result;
14.              //返回 GeoJSON 内容字符串
15.              var jsonFile = JSON.parse(fileString);
16.              //解析为一个 JSON 对象
17.              L.geoJSON(jsonFile).addTo(myMap);
18.              //将 GeoJSON 图层加载到地图
19.          };
20.          reader.onerror = function(evt) {        //读取文件失败处理
21.              console.error("GeoJSON 数据读取失败！错误代码：" + event.target.error.code);
22.          };
23.      }
24. };
```

至此，运行代码后，单击地图左上角的"选择文件"按钮，可在弹出的对话框中选择存储在本地文件夹下的 GeoJSON 数据，如 featureCUG.geojson。选择好需要加载的数据后，单击对话框中的"打开"按钮，即可将选择的数据加载到地图上，并且会在地图左上角显示加载的文件名称，完整的代码可参考本书配套资源中的 3-8.html。加载 GeoJSON 数据后的效果如图 3-16 所示。

图 3-16　加载 GeoJSON 数据后的效果

除了以上介绍的三种加载 GeoJSON 数据的方法，Leaflet 还提供了 Leaflet.FileLayer 插件，用于加载客户端计算机文件夹下的 GeoJSON、JSON、GPX、KML 等数据。插件 Leaflet.FileLayer 和上面介绍的三种方法都用到了 HTML5 的 FileReader API，对于 GPX 和 KML 数据，插件 Leaflet.FileLayer 还依赖于 JavaScript 库 togeojson.js。

进入 Leaflet 官网后，单击"Plugins"，找到插件 Leaflet.FileLayer 后可以查看该插件的说明和示例，单击该插件可打开该插件的下载页面。单击插件 Leaflet.FileLayer 下载页面中的"Code"→"Download ZIP"可将该插件的压缩包下载到本地（可参考图 3-7）。解压缩后，在 src 文件夹下找到 leaflet.filelayer.js，将该文件复制到工程的 JS 文件夹下。另外，在插件 Leaflet.FileLayer 的下载页面中，单击超链接"Tom MacWright's togeojson.js"可打开 togeojson.js 的下载页面，同样将 togeojson.js 的压缩包下载到本地，解压缩后找到 togeojson.js，并将该文件复制到工程的 JS 文件夹下。

这里仍然以 3.2.2.1 节加载的天地图地图瓦片图层为例，在本书配套资源 3-3.html 的基础上进行修改，在 HTML 文档的 head 元素中新增 togeojson.js 和 leaflet.filelayer.js 的引用，根据 togeojson.js 和 leaflet.filelayer.js 的依赖关系，需要先引用 togeojson.js，再引用 leaflet.filelayer.js，否则调试时会出错，代码如下：

```
1.  <script src="JS/togeojson.js"></script>
2.  <script src="JS/leaflet.filelayer.js"></script>
```

和 3.2.3.2 节一样，这里也加载 featureCUG.geojson 数据。为了方便浏览，在通过 L.map() 方法实例化地图对象时，对其 center 属性和 zoom 属性稍做修改，使其定位于所加载地图数据的中心。在加载天地图地图瓦片图层的代码后面，增加以下代码，用于添加数据加载控件。

```
1.  L.Control.fileLayerLoad({          //添加数据加载控件
2.      layer: L.geoJson,              //加载的地图图层类型
3.      addToMap: true,               //数据加载完成之后添加到地图上，默认值为 true
4.      fileSizeLimit: 1024,
5.      //加载的数据文件大小限制为 1024 KB，默认值为 1024 KB
6.      //设置"打开"对话框的默认过滤文件类型
7.      //默认类型为:.geojson、.json、.kml 和.gpx
8.      formats: [
9.          '.geojson',
10.         '.json',
11.         '.kml'
12.     ]
13. }).addTo(myMap);
```

上面的代码在地图上新增了一个自定义的地图控件（3.3 节将详细介绍地图控件），并设置了地图控件的加载地图图层类型、数据加载完成后是否添加到地图上、加载数据文件大小的限制、"打开"对话框的默认过滤文件类型等参数。运行代码后，在地图缩放按钮下方会看到新增了一个地图控件，单击该地图控件后会弹出"打开"对话框，在浏览客户端计算机中的文件时，根据代码中 formats 参数的设置，扩展名为.geojson、.json 和.kml 的数据文件将会被显示出来，选择 featureCUG.geojson，单击"打开"按钮，该 featureCUG.geojson 中的数据将被加载到地图上，并且放大居中显示，完整的代码请参考本书配套资源中的 3-9.html。使用数据加载控件后的效果如图 3-17 所示。

3.2.3.2　自定义显示样式

在 3.2.3.1 节中加载 GeoJSON 数据后，其显示效果均采用默认的显示样式。Leaflet 可以对 GeoJSON 数据的显示样式进行修改。在通过 L.geoJSON()方法创建 GeoJSON 图层时，3.2.3.1 节的示例均只传递了一个参数，实际上，L.geoJSON()方法还有一个可选的对象参数，在该参数内，通过设置相关属性值，便可改变 GeoJSON 数据的显示样式。

1）style 属性的设置

style 属性可用来设置 GeoJSON 数据中线数据和面数据的显示样式，有两种不同的方式可供使用。

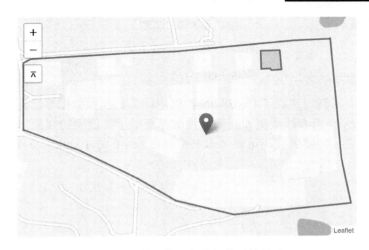

图 3-17　使用数据加载控件后的效果

当所有的线数据和面数据都采用相同的显示样式时，可传递一个简单的显示样式对象作为 style 的属性值。方法如下：首先通过下面的代码声明一个用于存储显示样式的对象，能够设置的显示样式属性包括颜色、粗细、透明度、拐角形状、端点形状、虚线、填充色、填充透明度等。

```
1.  var myStyle = {
2.      "color": "#ff7800",              //颜色
3.      "weight": 5,                     //粗细
4.      "opacity": 0.65                  //透明度
5.  };
```

然后通过 L.geoJSON()方法创建一个 GeoJSON 图层，在代码中增加一个参数，用于指定显示样式。例如，在本书配套资源 3-6.html 的代码中，可修改为：

```
1.  L.geoJSON(geojsonLine,{
2.      style:myStyle,                   //增加显示样式设置
3.  }).addTo(myMap);
```

在 3-7.html 的代码中，可修改为：

```
1.  var geojsonLayer = new L.GeoJSON.AJAX("data/featureCUG.geojson",{
2.      style:myStyle                    //增加显示样式设置
3.  });                                  //加载位于 data 文件夹下的 GeoJSON 数据
4.  geojsonLayer.addTo(myMap);
```

在 3-8.html 的代码中，可修改为：

```
1.  L.geoJSON(jsonFile,{
2.      style:myStyle,                   //增加显示样式设置
3.  }).addTo(myMap);                     //加载 GeoJSON 图层到地图
```

在 3-9.html 的代码中，设置显示样式的方式略有不同，只需要在添加数据加载控件的参数设置中增加一行代码，如下所示：

```
1.    layerOptions:myStyle,                //增加显示样式设置
```

或者：

```
1.    layerOptions:{style:myStyle},        //增加显示样式设置
```

至此，以上 4 个示例均完成了 GeoJSON 数据中线数据和面数据显示样式的统一修改，运行效果如图 3-18 所示，所有线数据和面数据轮廓都变成了半透明的红色，其中面域也默认填充了和线一样的颜色。完整的代码可参考本书配套资源中的 3-10.html、3-11.html、3-12.html、3-13.html。

图 3-18   修改 GeoJSON 数据中线数据和面数据显示样式后的效果

另外，开发者也可以根据 GeoJSON 数据中各个线数据或面数据属性的不同，为它们设置不同的显示样式，此时可以传递一个函数作为 style 属性的值。这里将线数据和面数据设置为不同的颜色，只需要将以上代码中的 style 属性修改为：

```
1.    style: function(feature) {
2.        switch (feature.geometry.type) {        //判断要素的几何类型
3.            case 'LineString':                  //线要素
4.                return {color: "#0000ff"};
5.            case 'Polygon':                      //面要素
6.                return {color: "#ff0000"};
7.        }
8.    }
```

在上面的代码中，GeoJSON 数据加载后将会自动解析其中的要素（feature），并获取每个要素的所有属性信息，如本例通过 feature.geometry.type 获取要素的几何类型。读者可通过 1.2.3 节对比一下第 1 句代码与 GeoJSON 数据结构之间的关系。通过 JavaScript 的 switch 语句，可根据返回的要素几何类型，匹配对应 case 的代码块，以便执行不同的动作。为不同类型的要素赋予不同显示样式后的效果如图 3-19 所示，完整的代码请参考本书配套资源中的 3-14.html 和 3-15.html。

图 3-19 为不同类型的要素赋予不同显示样式后的效果

2）pointToLayer 属性的设置

GeoJSON 数据中点数据显示样式的设置方法与线数据和面数据显示样式的设置方法完全不同。例如，在上述示例的效果图中，在默认的显示样式下，点数据会显示成一个蓝色的图标。实际上，在创建 GeoJSON 图层对象时，可以在 L.geoJSON()的第二个参数中通过设置一个函数作为 pointToLayer 的属性值，用于改变点数据的显示样式。该函数在加载 GeoJSON 数据后被调用，将解析后的点要素及经纬度作为参数，返回一个图层实例，如一个图标或圆形图案等。

这里尝试将默认的蓝色图标改为其他图标或几何图案。在 Leaflet 官方文档对 GeoJSON 的说明和示例中可以看到，在设置 pointToLayer 属性时，通过 L.marker()方法可在地图上显示一个图标。使用 L.marker()时只需要传递一个经纬度坐标信息和一些可选信息作为参数，可选的信息包括图标的具体属性（如图标地址、大小、位置等）、透明度、鼠标提示等。其中，图标的具体属性需要通过 L.icon()方法来设置，代码如下：

```
1.  var cugIcon = L.icon({
2.      iconUrl: 'CSS/images/地大 LOGO.png',          //图标存储地址
3.      iconSize: [40, 40],                          //图标大小
4.      iconAnchor: [20, 40],                        //图标相对位置
5.  });
```

以本书配套资源中的 3-14.html 为例，将以上代码添加到加载天地图地图的瓦片图层后，先设置 style 属性，再增设 pointToLayer 属性，代码如下：

```
1.  pointToLayer: function (feature, latlng) {
2.      return L.marker(latlng, {
3.          icon: cugIcon,                            //指定图标
4.          title:"中国地质大学（武汉）未来城校区",      //鼠标光标移动到图标上时显示的字样
5.      });
6.  }
```

至此，已完成图标的修改，显示效果如图 3-20 所示，默认的蓝色图标已替换成中国地质

大学（武汉）的 LOGO。当鼠标光标移动到新图标上时，将显示以上代码设定的 title 属性值，即中国地质大学（武汉）未来城校区。完整的代码请参考本书配套资源中的 3-16.html。

图 3-20　将默认的蓝色图标修改为其他图标后的显示效果

除了可以将默认的蓝色图标修改为其他图标，还可以修改为几何图案，如圆形。在 Leaflet 官方文档中搜索圆的英文单词 "Circle"，会找到 Circle 和 CircleMarker 两个类。进一步查看 Leaflet 官方文档，会发现二者是继承关系，Circle 继承自 CircleMarker，二者又继承自 Path 类。Path 类是一个抽象类，包含矢量覆盖图层（面、线、圆）共享的一些参数选项，如线划颜色、粗细、透明度等。这些参数选项可在 Circle 类或 CircleMarker 类中设置，不同的是，Circle 类或 CircleMarker 类在实例化一个圆形对象时，前者设置圆的半径时采用的是米制单位，后者采用的是像素单位，这意味着在进行地图缩放时，通过 Circle 类绘制的圆会随着比例尺的变化而变化，通过 CircleMarker 类绘制的圆则不会随着比例尺的变化而变化。这里首先设置圆形的样式，代码如下：

```
1.   var geojsonMarkerOptions = {
2.        radius: 50,                              //半径，米制单位或像素单位
3.        fillColor: "#ff0000",                    //填充色
4.        color: "#000",                           //轮廓颜色
5.        weight: 1,                               //轮廓粗细
6.        opacity: 1,                              //轮廓透明度
7.        fillOpacity: 0.8                         //填充透明度
8.   };
```

然后对 pointToLayer 属性进行修改，将原先返回图标的 L.marker()方法改为返回圆形的 L.circle()方法或 L.circleMarker()方法，代码如下：

```
1.   pointToLayer: function (feature, latlng) {
2.        //return L.circleMarker(latlng, geojsonMarkerOptions);
3.        //圆形不会随地图比例尺的变化而变化
4.        return L.circle(latlng, geojsonMarkerOptions);
5.        //圆形会随地图比例尺的变化而变化
6.   }
```

至此，已将默认的蓝色图标改为几何图案（圆形），显示效果如图 3-21 所示，完整的代码请参考本书配套资源中的 3-17.html。

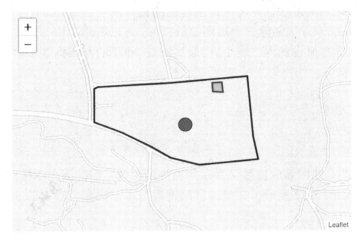

图 3-21　将默认的蓝色图标改为几何图案（圆形）后的显示效果

3.3　地图控件

在 3.2 节给出的示例中，在地图的左上角都默认加载了地图缩放控件，在地图的右下角都默认加载了"Leaflet"字样的地图属性控件。除了地图缩放控件和地图属性控件，Leaflet 还提供了地图图层控件、地图比例尺控件等。在 Leaflet 插件中，则有更多的地图控件可以使用。这些地图控件用于控制地图的一些基本操作，显示地图的一些基本属性，这些地图控件的显示设置是可控的。在 Leaflet 中，L.Control 是所有地图控件的基类，以下介绍的所有地图控件，其代码实现都是以"L.control"开头的。

3.3.1　地图缩放控件

地图缩放控件提供了两个按钮，浏览器在加载地图时默认将该控件放置在地图的左上角（如图 3-3 所示）。其中，一个是"+"按钮，用于放大地图，扩大地图比例尺；另一个是"–"按钮，用于缩小地图，减小地图比例尺。当鼠标光标移动到"+"按钮上时，会提示"Zoom in"；当鼠标光标移动到"–"按钮上时，会提示"Zoom out"。对于中文用户，这显然不够"友好"，本节将介绍如何把这两个提示变为中文。

本节在 3.2.2.1 节加载的天地图地图的瓦片图层代码基础上进行修改。首先新建一个 HTML 文档，并在该文档中添加一个 id 为"mapid"的 div 元素作为放置地图的容器；然后在通过 L.map()方法实例化地图对象时，在第二个参数中增加一个属性 zoomControl，默认的属性值为 true，将其改为 false，浏览器在加载地图时就不会加载地图缩放控件。代码如下：

```
1.  var myMap = L.map('mapid', {
2.      center: [30.55, 114.3],
3.      zoom: 10,
```

```
4.    zoomControl: false                        //不加载地图缩放控件
5.    });
```

按照 3.2.2.1 节介绍的方法首先将天地图地图的瓦片图层加载到地图上；然后增加几行代码，通过 L.control.zoom()方法创建一个地图缩放控件，将 zoomInTitle 的属性值设置为"放大"，将 zoomOutTitle 的属性值设置为"缩小"；最后通过 addTo()方法将这个地图缩放控件加载到实例化后的地图对象中。代码如下：

```
1.    L.control.zoom({
2.        zoomInTitle: '放大',
3.        zoomOutTitle: '缩小'
4.    }).addTo(myMap);                           //添加地图缩放控件
```

运行上面的代码，地图缩放控件又会回到原先的位置，当鼠标光标移动到两个按钮上时，将出现中文提示，如图 3-22 所示，完整的代码请参考本书配套资源中的 3-18.html。

图 3-22   地图缩放控件出现中文提示

此外，通过 setPosition()方法可以设置地图缩放控件在地图上的显示位置，通过 getPosition()方法可以获取地图缩放控件的显示位置信息，通过 getContainer()方法可以获取包含地图缩放控件的 HTML 元素，通过 remove()方法可以移除已有地图缩放控件，具体实现过程请读者自行尝试。

3.3.2 地图图层控件

地图注记是地图语言的一部分，缺少注记的补充说明，地图就会丧失大部分的功能。本节不仅将为以上示例添加注记；也将新增一个影像地图及其注记图层，这涉及天地图地图的多个瓦片图层，包括 TianDiTu.Normal.Map、TianDiTu.Normal.Annotation、TianDiTu.Satellite.Map、TianDiTu.Satellite.Annotion 等；还将添加一个地图图层控件，用于切换显示不同的地图图层。

首先新建一个 HTML 文档，添加一个 id 为"mapid"的 div 元素作为放置地图的容器，但不再将 TianDiTu.Normal.Map 直接通过 addTo() 方法添加到地图上，而是通过 L.tileLayer.chinaProvider()方法定义几个图层变量。代码如下：

```
1.    var norMap = L.tileLayer.chinaProvider('TianDiTu.Normal.Map', {
```

```
2.         key: "8dae84fa331cbe1d834dde924688cad2",
3.         maxZoom: 18,
4.         minZoom: 5
5.     });
6.     var norAnn = L.tileLayer.chinaProvider('TianDiTu.Normal.Annotion', {
7.         key: "8dae84fa331cbe1d834dde924688cad2",
8.         maxZoom: 18,
9.         minZoom: 5
10.    });
11.    var satMap = L.tileLayer.chinaProvider('TianDiTu.Satellite.Map', {
12.        key: "8dae84fa331cbe1d834dde924688cad2",
13.        maxZoom: 18,
14.        minZoom: 5
15.    });
16.    var satAnn = L.tileLayer.chinaProvider('TianDiTu.Satellite.Annotion', {
17.        key: "8dae84fa331cbe1d834dde924688cad2",
18.        maxZoom: 18,
19.        minZoom: 5
20.    });
```

　　然后在地图初始化时通过另一种方式将 TianDiTu.Normal.Map 图层加载到地图上，代码如下：

```
1.    var myMap = L.map("mapid", {
2.        center: [30.55, 114.3],
3.        zoom: 10,
4.        layers: [norMap],        //在地图初始化时加载 norMap 图层
5.        zoomControl: false        //在地图初始化时不加载地图缩放控件
6.    });
```

　　在上面的代码中，layers 属性用于指定在地图初始化时加载的图层，是一个由图层元素组成的数组。当加载的图层只有一个时，经测试，即使去掉方括号，也不会报错。如果在地图初始化时，需要加载天地图地图的注记图层，则可以在 layers 的属性值中添加 norAnn 图层。代码如下：

```
1.    layers: [norMap,norAnn],        //在地图初始化时加载 norMap 图层和 norAnn 图层
```

　　后面读者还会发现，同一个功能往往有多种实现方法。在实际应用中，可能需要将多个地图图层组合后当成一个地图图层来使用，如将天地图地图的常规地图图层和对应的注记图层组合起来一并加载到地图上，此时可以用 LayerGroup 类来实现。代码如下：

```
1.    var norLayers = L.layerGroup([norMap, norAnn]);
```

　　其中，L.layerGroup()的括号内是一个由图层组成的数组，这样就可以将多个（此处为两个）地图图层组合成为一个地图图层，通过组合后的地图图层，可以一次性增加或移除 norMap 和 norAnn 两个地图图层。如果在地图初始化时默认加载这两个图层，则可将以上代码改为：

```
1.    var myMap = L.map("mapid", {
2.        center: [30.55, 114.3],
```

```
3.        zoom: 10,
4.        layers: [norLayers],      //注意此处属性值为一个 layerGroup 对象数组
5.        zoomControl: false
6.    });
```

也可以将 satMap 和 satAnn 两个地图图层组合成一个地图图层，代码如下：

```
1.    var imageLayers = L.layerGroup([satMap, satAnn]);
```

Leaflet 的地图图层控件可控制两类图层：一类是底图图层（Base Layers），一次只能选择一个图层作为地图的背景图层，即底图图层，在地图图层控件中用单选按钮控制；另一类是覆盖图层（Overlays），也就是覆盖在底图上的其他图层，一次可以覆盖一个图层，也可以覆盖多个图层，甚至可以不覆盖任何图层，在地图图层控件中用复选框控制。

本节将 norLayers 和 imageLayers 这两个图层作为底图图层后，通过地图图层控件进行切换。首先创建一个底图图层对象，代码如下：

```
1.    var baseLayers = {
2.        "地图": norLayers,
3.        "影像": imageLayers,
4.    };
```

上面代码中的文字"地图""影像"是地图图层控件上显示的文字，其属性值分别为对应的底图图层。

然后创建一个地图图层控件并添加到地图中，地图图层控件是通过 L.control.layers()方法创建的，仍然用 addTo()方法将地图图层控件添加到地图上，代码如下：

```
1.    L.control.layers(baseLayers).addTo(myMap);
```

最后在地图初始化时将 zoomControl 的属性值设置为 false，因此还需按照 3.3.1 节介绍的方法在地图上添加地图缩放控件。添加地图图层控件后的效果如图 3-23 所示。

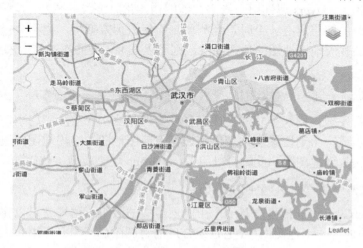

图 3-23　添加地图图层控件后的效果

浏览器解析 HTML 文档后，在进行地图初始化时加载了两个地图图层，天地图地图的注

记已经显示在地图上了。在地图的右上角增加了一个地图图层控件，当鼠标光标移动到地图图层控件上时，会显示用于切换底图的单选按钮，选择"影像"后地图会切换为影像和影像注记叠加的效果，如图 3-24 所示，完整的代码请参考本书配套资源中的 3-19.html。

图 3-24　影像和影像注记叠加的效果

接下来稍做修改，将天地图地图的常规地图图层和影像图层作为可切换的底图图层，将二者的注记图层作为覆盖图层。此时，需要将上面创建的底图图层对象改为：

```
1.  var baseLayers = {                    //底图图层
2.      "地图": norMap,
3.      "影像": satMap,
4.  }
```

在上述代码中，"地图""影像"的属性值对应的不再是组合图层，而是单个图层。此时再创建一个覆盖图层对象，代码如下：

```
1.  var overlayMaps = {                   //覆盖图层
2.      "地图注记": norAnn,
3.      "影像注记": satAnn,
4.  };
```

在上述代码中，文字"地图注记""影像注记"是地图图层控件上显示的文字，其属性值分别为对应的覆盖图层。通过 L.control.layers()方法创建一个地图图层控件，只不过在传递参数时增加了一个 overlayMaps 对象，仍然通过 addTo()方法将地图图层控件添加到地图上，将创建地图图层控件的代码改为：

```
1.  L.control.layers(baseLayers,overlayMaps).addTo(myMap);//增加了 overlayMaps
```

添加覆盖图层后的效果如图 3-25 所示，地图右上角的地图图层控件发生了一些变化，既可以在"地图"和"影像"中选择其一作为底图，同时也可以选择是否加载注记，加载"地图注记"和/或"影像注记"（注：此处仅作为示例进行讲解，在实际应用中不会同时加载两类注记），完整的代码请参考本书配套资源中的 3-20.html。

图 3-25　添加覆盖图层后的效果

不论底图图层，还是覆盖图层，在创建图层对象时都可以设置地图图层控件的显示样式，读者不妨试试。

3.3.3　地图比例尺控件

比例尺是地图的图面组成元素之一，是地图具备可量测性的重要依据。Leaflet 在地图上添加地图比例尺控件的方法很简单，只需要增加一行代码就可以在地图上添加地图比例尺控件，代码如下：

```
1.  L.control.scale().addTo(myMap);
```

添加地图比例尺控件后的效果如图 3-26 所示。

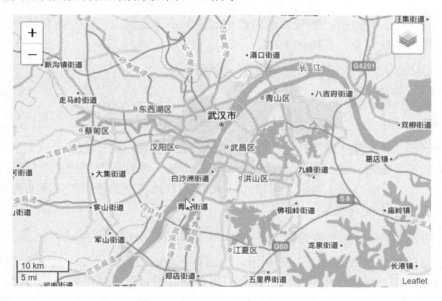

图 3-26　添加地图比例尺控件后的效果

在地图左下角可以看到添加的地图比例尺控件。地图比例尺控件上既显示了千米这种长度单位，也显示了英里这种长度单位。对于国内用户而言，更习惯使用米制单位，Leaflet 可以对地图比例尺控件的一些属性进行修改，包括控件的最大宽度、显示单位、控件显示更新等。只需要在 L.control.scale()方法中传递一些参数，即可修改地图比例尺控件的属性。代码如下：

```
1.  L.control.scale({
2.      maxWidth : 200,              //最大宽度
3.      metric : true,               //是否显示米制长度单位
4.      imperial : false,            //是否显示英制长度单位
5.      updateWhenIdle : true,       //是否在移动地图结束后更新
6.  }).addTo(myMap);
```

修改地图比例尺控件属性后的效果如图 3-27 所示，地图比例尺控件的长度、显示单位都发生了变化，当地图缩放结束时，地图比例尺控件上显示的数字也会发生变化，完整的代码请参考本书配套资源中的 3-21.html。

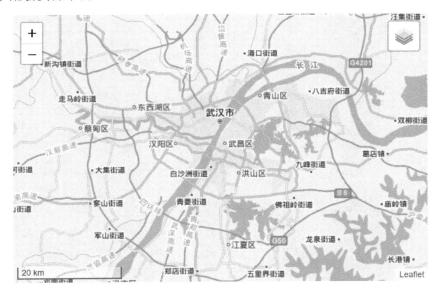

图 3-27　修改地图比例尺控件属性后的效果

3.3.4　地图属性控件

地图属性控件允许用户在一个小的文本框内显示属性数据。在地图初始化时，地图属性控件会被默认加载到地图的右下角，显示"Leaflet"文字超链接，单击该超链接可打开 Leaflet 官网。如果在地图初始化时不想加载地图属性控件，则可在 L.map()方法实例化地图对象时，在第二个参数中增加一个属性 attributionControl，将其属性值由默认的 true 修改为 false，代码如下：

```
1.  attributionControl: false,       //不加载地图属性控件
```

在加载某个地图图层时，可以通过设置该图层的 attribution 属性，来控制地图属性控件的

显示内容，读者可参考 3.2.1 节介绍的设置方法（详见本书配套资源中的 3-2.html）。此外，当 attributionControl 属性值设置为 false 时，还可以像其他控件一样，通过一行代码来加载地图属性控件，例如：

```
1.  L.control.attribution().addTo(myMap);        //加载地图属性控件
```

此时，地图右下角仍会显示默认的"Leaflet"文字超链接，如果要对其进行修改，可以对以上语句稍做修改，在 L.control.attribution()中传递一个 prefix 属性作为参数。代码如下：

```
1.  L.control.attribution({        //属性说明前缀由"Leaflet"改为"天地图"
2.      prefix:  '<a href="https://www.tianditu.gov.cn/">天地图</a>',
3.  }).addTo(myMap);
```

上面的代码将原先默认的"Leaflet"改为"天地图"，并通过标签<a>修改了对应的超链接地址，修改地图属性控件默认文字及其超链接后的效果如图 3-28 所示，其中 prefix 属性用于显示在地图属性控件的最前端，其后还可以增加一些其他属性，若此处不增加 prefix 参数，则可以通过以下代码添加属性：

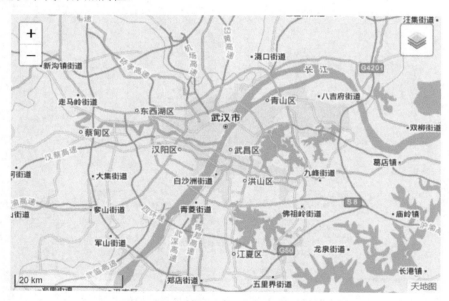

图 3-28　修改地图属性控件默认文字及其超链接后的效果

```
1.  var attControl=L.control.attribution();
2.  attControl.setPrefix('<a href="https://www.tianditu.gov.cn/">天地图</a>');    //属性说明前缀
3.  attControl.addAttribution('数据来源 &copy;天地图');                        //添加属性说明
4.  attControl.addTo(myMap);
```

上面的代码首先定义了一个地图属性控件变量，然后调用 setPrefix()方法和 addAttribution()方法分别设置属性说明前缀及属性说明，最后通过 addTo()方法将地图属性控件添加到地图上。调整地图属性控件内容后的效果如图 3-29 所示，完整的代码请参考本书配套资源中的 3-22.html。

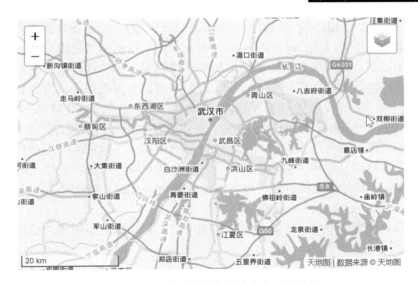

图 3-29　调整地图属性控件内容后的效果

3.3.5　地图缩略图控件

地图缩略图控件有助于用户了解主窗口显示的地图区域在全球、全国、全省、全市等范围内的相对位置，也称为鹰眼图。Leaflet 提供了好几种地图缩略图控件，本节介绍其中一个最常用控件，即插件 Leaflet.MiniMap。

进入 Leaflet 官网后，单击"Plugins"，找到插件 Leaflet.MiniMap 后可查看该插件的使用说明和示例，单击插件 Leaflet.MiniMap 还可以进入该插件的下载页面。在插件 Leaflet.MiniMap 的下载页面下载该插件的压缩包文件，并保存到本地（可参考图 3-7）。将压缩包文件解压缩后，在 src 文件夹下可以看文件 Control.MiniMap.css、Control.MiniMap.js 和文件夹 images、dist、example。其中，文件夹 images 下存储了插件 Leaflet.MiniMap 样式所需的相关文件；在文件夹 dist 下可看到压缩版的 Control.MiniMap.min.css、Control.MiniMap.min.js，可供发布工程时使用；在文件夹 example 下可看到设置了不同参数的 Leaflet.MiniMap 插件的样式效果。

本节在 3-22.html 的基础上进行修改，首先将 Control.MiniMap.css 文件和 images 文件夹复制到工程的 CSS 文件夹下，将 Control.MiniMap.js 文件复制到工程的 JS 文件夹下；然后在 HTML 文档的头部元素中引用以上两个文件。代码如下：

```
1.  <link rel="stylesheet" href="CSS/Control.MiniMap.css">
2.  <script src="JS/Control.MiniMap.js"></script>
```

在 JavaScript 代码中，注释掉地图图层控件的加载代码，在代码最后添加以下代码：

```
1.  var rect1 = {color: "#ff1100", weight: 3};
2.  var rect2 = {color: "#0000AA", weight: 1, opacity:0, fillOpacity:0};
3.  var miniMap = new L.Control.MiniMap(imageLayers,{
4.      toggleDisplay: true,              //显示地图缩略图控件的展开按钮
5.      aimingRectOptions : rect1,        //目标矩形框样式
6.      shadowRectOptions: rect2,         //拖动矩形框样式
7.  }).addTo(myMap);
```

其中，插件 Leaflet.MiniMap 是通过 L.Control.MiniMap()方法创建地图缩略图控件的，地图缩略图控件中的地图可以由一个图层构成或由多个图层组成的图层组构成。这里将由天地图地图的影像图层和注记图层组成的图层组加载到地图缩略图控件的地图中。此处需要注意的是，地图缩略图控件中的地图图层不能再加载到主窗口地图视图中，否则会产生一些奇怪的问题，这也是为什么要在代码中注释掉地图图层控件加载代码的原因。在 L.Control.MiniMap()方法的第二个可选参数中，可以设置地图缩略图控件的显示样式、对地图缩略图控件中的地图或矩形行为进行约束，以上示例中显示了地图缩略图控件的展开按钮，通过该按钮可以隐藏或显示地图缩略图控件；另外，还设置了目标区域矩形的样式和矩形被鼠标拖动时的样式。其他参数的设置可以参考文件夹 example 下的示例，本书不再展开阐述，留给读者去尝试。

完整的代码请参考本书配套资源中的 3-23.html，加载地图缩略图控件后的效果如图 3-30 所示。

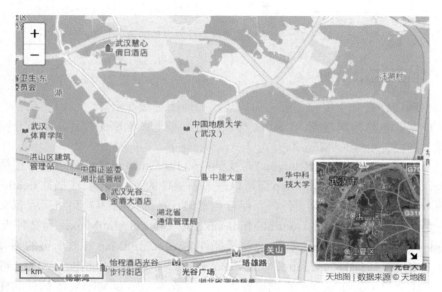

图 3-30 加载地图缩略图控件后的效果

3.3.6 地图全屏显示控件

地图全屏显示控件用于将地图视图铺满整个显示屏幕，即全屏显示。目前，Leaflet 提供了 3 个地图全屏显示控件，本节介绍其中最常用的插件 Leaflet.fullscreen。

进入 Leaflet 官网后，单击"Plugins"，找到插件 Leaflet.fullscreen 后可查看该插件的使用说明和示例，单击插件 Leaflet.fullscreen 还可以进入该插件的下载页面。在插件 Leaflet.fullscreen 的下载页面下载该插件的压缩包文件，并保存到本地（可参考图 3-7）。将压缩包文件解压缩后，在 dist 文件夹下可以看 Leaflet.fullscreen.js、Leaflet.fullscreen.min.js、leaflet.fullscreen.css 和图标文件 fullscreen.png、fullscreen@2x.png。其中，在调试代码时可以使用 Leaflet.fullscreen.js；在发布工程时可以用 Leaflet.fullscreen.min.js 替换掉 Leaflet.fullscreen.js，leaflet.fullscreen.css 必须和两个图标文件放在同一个文件夹下，否则，需

要在 leaflet.fullscreen.css 中修改引用图标文件的路径。

　　本节在 3.3.5 节代码的基础上进行修改，新增一个地图全屏显示控件。首先将 Leaflet.fullscreen.js 复制到工程的 JS 文件夹下，将 leaflet.fullscreen.css 和两个图标文件 fullscreen.png、fullscreen@2x.png 复制到工程的 CSS 文件夹下；然后在 HTML 文档的头部元素中引用以上两个文件。代码如下：

```
1.  <link rel="stylesheet" href="CSS/leaflet.fullscreen.css">
2.  <script src="JS/Leaflet.fullscreen.js"></script>
```

　　在通过 L.map()方法实例化地图对象时，加入以下代码即可添加地图全屏显示控件：

```
1.  var myMap = L.map("mapid", {
2.      ……
3.      fullscreenControl: true,    //增加地图全屏显示控件或以下代码
4.      /*fullscreenControl: {
5.          pseudoFullscreen: false //如果为 true,则在全屏显示时只是填满整个 HTML 文档
6.      },*/
7.      ……
8.  });
```

　　将 pseudoFullscreen 的属性值设置为 true 时，是一种"伪全屏"，地图视图并不会占满显示器的整个屏幕，只是占满整个 HTML 文档。

　　除此之外，如果在实例化地图对象时不添加地图全屏显示控件，还可以在代码最后通过 addControl()方法来添加地图全屏显示控件。代码如下：

```
1.  myMap.addControl(new L.Control.Fullscreen({
2.      title: {
3.          'false': '全屏显示',
4.          'true': '退出全屏'
5.      }
6.  }));
```

　　在上面的代码中，通过修改 title 的属性值可将英文的鼠标提示（默认情况是英文的）改为中文的，完整的代码请参考本书配套资源中的 3-24.html。加载地图全屏显示控件后的效果如图 3-31 所示，在左上角的地图缩放控件下方，多了一个地图全屏显示控件，当鼠标光标移动到地图全屏显示控件上时，将提示"全屏显示"。单击地图全屏显示控件后，地图视图将占满显示器屏幕，图标也将发生变化；再次单击地图全屏显示控件或按下 Esc 键时，即可退出全屏显示，恢复到原状。

3.3.7　地图放大镜控件

　　地图放大镜控件用于在地图上增加一个类似放大镜的效果，随着鼠标光标移动而显示高于当前地图缩放等级的局部地图放大效果。Leaflet 提供的插件 Leaflet.MagnifyingGlass 可用于实现这一效果。

　　进入 Leaflet 官网后，单击"Plugins"，找到插件 Leaflet.MagnifyingGlass 后可查看该插件的使用说明和示例，单击插件 Leaflet.MagnifyingGlass 还可以进入该插件的下载页面。在插件

Leaflet.MagnifyingGlass 的下载页面下载该插件的压缩包文件，并保存到本地（可参考图 3-7）。将压缩包文件解压缩后，可以看到文件 leaflet.magnifyingglass.css 和 leaflet.magnifyingglass.js。本节在 3.3.6 节的代码基础上新增一个地图放大镜控件。

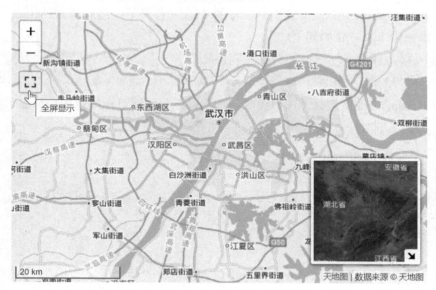

图 3-31   加载地图全屏显示控件后的效果

首先将 leaflet.magnifyingglass.css 和 leaflet.magnifyingglass.js 分别复制到工程的 CSS 文件夹和 JS 文件夹下；然后在 HTML 文档中引用以上两个文件。代码如下：

```
1.   <link rel="stylesheet" href="CSS/leaflet.magnifyingglass.css">
2.   <script src="JS/leaflet.magnifyingglass.js"></script>
```

通过 L.magnifyingGlass()方法实例化一个放大镜对象，通过 addLayer()方法将该放大镜对象添加到地图上。代码如下：

```
1.   var magnifiedTiles = L.tileLayer.chinaProvider('TianDiTu.Normal.Map', { //必须重复实例化一个 tileLayer
2.       key: "8dae84fa331cbe1d834dde924688cad2",
3.       maxZoom: 18,
4.       minZoom: 5,
5.   });
6.   var magnifiedAnn=L.tileLayer.chinaProvider('TianDiTu.Normal.Annotion', { //必须重复实例化一个 tileLayer
7.       key: "8dae84fa331cbe1d834dde924688cad2",
8.       maxZoom: 18,
9.       minZoom: 5,
10.  });
11.  var magnifyingGlass = L.magnifyingGlass({          //创建一个放大镜对象
12.      layers: [magnifiedTiles,magnifiedAnn],
13.      //不能是已经加载到地图上的图层，除非重新实例化
14.  });
15.  myMap.addLayer(magnifyingGlass);        //添加地图放大镜控件
```

上面的代码重新创建了天地图地图的常规地图图层和对应的注记图层，在 L.magnifyingGlass()方法中，地图放大镜控件内显示的地图图层不能是主窗口地图或地图缩略图控件内已经加载的地图图层。如果地图放大镜控件内显示的地图图层必须和主窗口地图或地图缩略图控件加载的地图图层一样，那么必须重新实例化这些地图图层，如上述代码一样。L.magnifyingGlass()方法中的 layers 属性用于指定地图放大镜控件内加载显示的地图图层，可以是由一个或多个地图图层组成的数组。此外，L.magnifyingGlass()方法还可设置放大镜的尺寸、与主窗口地图缩放等级差、是否固定地图缩放等级、是否随鼠标光标移动而移动、放大镜的初始位置等属性。

加载地图放大镜控件后的效果如图 3-32 所示，在地图上出现了一个放大镜，可显示更高地图缩放等级的地图，并随着鼠标光标移动而移动，完整的代码请参考本书配套资源中的 3-25.html。

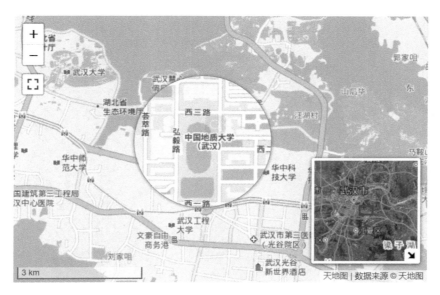

图 3-32　加载地图放大镜控件后的效果

3.4　本章小结

本章从 Leaflet 开发环境的搭建、常规地图图层和地图数据的加载、地图控件三个方面介绍了 Leaflet 地图可视化入门技能。通过本章的学习，读者可以掌握利用 Leaflet 快速搭建一个地图可视化框架的方法，为后续的深入学习打下基础。

自 Web2.0 发布以来，交互操作就成为以用户为主导的互联网必不可少的功能。第 3 章仅涉及极少量的用户交互，本章将介绍一些地图基本操作，将使 Leaflet 地图可视化功能更加强大。

4.1 地图缩放的控制

4.1.1 地图缩放等级的原理

通过 3.3.1 节介绍的地图缩放控件、鼠标滚轮，或按下 Shift 键后在地图上通过鼠标左键拉框，都可以改变地图显示的比例尺。地图的缩放是地图常见的基本操作之一，不论地图对象的实例化，还是地图图层的加载，都涉及地图缩放等级（Zoom Level）的设定。在较低的地图缩放等级下，地图可以粗略显示更大范围的区域，如全球海陆分布信息；在较高的地图缩放等级下，地图可以详细显示更小范围的区域，如城市内部的细节信息。为了更好地理解地图缩放等级是如何工作的，本节以 3.2.2.1 节加载的天地图地图为例，对 3-3.html 对应的代码进行修改，修改后的代码如下：

```
1.   var myMap = L.map('mapid', {
2.       center: [0, 0],
3.       zoom: 0                              //地图缩放等级为0
4.   });
5.   L.tileLayer.chinaProvider('TianDiTu.Normal.Map',{
6.   //天地图地图的常规地图图层
7.       key: "8d……d2",                      //天地图地图服务许可
8.       //tileSize:512,                       //瓦片大小
9.       maxZoom:1,                           //最大地图缩放等级
10.      minZoom:0,                           //最小地图缩放等级
11.  }).addTo(myMap);
```

上面的代码将地图显示的中心地理坐标设置为[0，0]，将地图缩放等级设置为 0，将最大

地图缩放等级设置为 1，将最小地图缩放等级设置为 0，并将地图容器的大小改为 800 px×550 px，这样地图就只能在 0 和 1 这两个地图缩放等级之间切换。当地图缩放等级为 0 时，地图中间只显示了一个高 256 px 的灰色矩形带，如图 4-1 所示，完整的代码请参考本书配套资源中的 4-1.html。

图 4-1　地图缩放等级为 0 时的天地图地图（灰色矩形带）

实际上，图 4-1 中的灰色矩形带是由一系列 256 px×256 px 的正方形图片组合而成的。在很多在线地图服务中，当地图缩放等级为 0 时，每个正方形图片都将显示一幅完整的正方形世界地图，如图 4-2 所示。

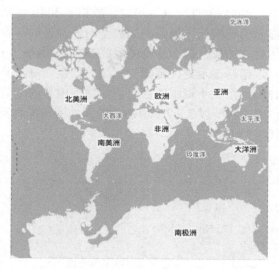

图 4-2　正方形世界地图（数据来源：天地图）

正方形世界地图涉及地图投影相关知识，读者可回顾一下 3.2.2.2 节介绍的 EPSG:3857，该坐标系是一种球面墨卡托（Spherical Mercator）投影坐标系，是一种等角正轴切圆柱投影，具有投影前后对应微分面保持图形相似的特性，将地球球体投影到正方形上之后，便于切割。

当地图缩放等级为 1 时，世界地图的长宽将各自扩大到原先的 2 倍（512 px×512 px），同时，原先的正方形将被切割为 4 个 256 px×256 px 的正方形。地图每增加 1 个地图缩放等级，所有正方形都将被再次一分为四个 256 px×256 px 的正方形图片，这些正方形图片就是我们常说的瓦片或切片（见图 3-4），其大小是在实例化地图对象时指定的 tileSize 属性，默认属性值为256（在 3.2.1 节中，Mapbox 静态瓦片服务发布的瓦片大小是 512 px×512 px，故代码中 tileSize属性值为512），最终世界地图将显示在宽和高都是 $256×2^{zoomlevel}$ px 的正方形内（其中 zoomlevel为地图缩放等级）。大多数瓦片地图服务提供商将地图的最大地图缩放等级设为 18，这已足以在各个瓦片上展示城市街区的详细情况。

4.1.2　地图缩放等级的控制

Leaflet 提供了多种可以控制地图缩放等级的方法，本节以 3.2.3.1 节的 3-7.html 为例，介绍地图缩放等级的几种常用控制方法。

首先在 body 元素中通过<input>标签增加一个图片按钮，指定其类型为 image，图片保存在文件夹 "CSS\images" 内，并给该图片按钮增加一个 onclick 事件，当鼠标单击该图片按钮时将触发 onclick 事件，从而调用 SetZoomTest()方法。代码如下：

```
1.  <input id="setZoomID" type="image" src="CSS/images/ 定 位 .png" alt=" 缩 放 控 制 " onclick=
"SetZoomTest()"/>
```

接着在 head 元素中通过<style>标签给该图片按钮设置样式，使其位于地图缩放控件的下方。代码如下：

```
1.  #setZoomID {
2.      width: 30px;
3.      height:30px;
4.      position: absolute;
5.      top: 90px;
6.      left: 20px;
7.      z-index: 550;      //使其位于所有元素最上层
8.  }
```

最后设置图片按钮的事件触发函数。代码如下：

```
1.  var geoBound=myMap.getBounds();           //获取地图初始化时的显示范围
2.  function SetZoomTest() {                    //尝试运行一下被注释掉的代码
3.      //myMap.setZoom(5);                      //设置地图缩放等级
4.      //myMap.setView([30.46,114.612], 15);    //设置地图显示中心及地图缩放等级
5.      //myMap.flyTo([30.46,114.612], 15);      //设置地图显示中心及地图缩放等级，动画飞入
6.      //myMap.zoomIn(2);           //单击一次图片按钮，地图缩放等级放大 2 个等级；如果不设置数值，
则单击一次图片按钮，地图缩放等级增大 1 个等级
7.      //myMap.zoomOut(2);          //单击一次图片按钮，地图缩放等级缩小 2 个等级；如果不设置数值，
则单击一次图片按钮，地图缩放等级减小 1 个等级
8.      //myMap.setZoomAround([30.46,114.612], 15);     //地图围绕指定坐标进行缩放
9.      myMap.fitBounds(geoBound);                     //将地图缩放至指定的范围
10. }
```

在 SetZoomTest()方法中写入了多个常用地图缩放等级控制方法，例如：

（1）setZoom(zoom)方法：用于设置地图缩放等级。

（2）setView(center, zoom)方法：用于设置地图显示中心及地图缩放等级。

（3）flyTo(center, zoom)方法：以动画的形式平滑过渡到地图显示中心及地图缩放等级。

（4）zoomIn()/zoomIn(Num)方法：指定单击一次图片按钮，地图缩放等级增大的等级数量，不带参数时默认为增大 1 个等级（功能等同于自带的地图放大镜控件）。

（5）zoomOut()/ zoomOut (Num)方法：指定单击一次图片按钮，地图缩放等级减小的等级数量，不带参数时默认为减小 1 个等级（功能等同于自带的地图缩小控件）。

（6）setZoomAround(fixedPoint, zoom)方法：设置地图围绕指定坐标进行缩放，在缩放过程中，该坐标在屏幕上的位置保持不变，功能等同于通过鼠标滚轮实现的缩放功能。

（7）fitBounds(bounds)方法：用于将地图缩放至指定范围，该方法会在查询到相关要素后将相关要素居中放大显示在屏幕中心。在使用该方法前，需要指定一个范围，上面的代码通过 myMap.getBounds()方法获取了地图初始化时的显示范围。

地图缩放等级的控制效果如图 4-3 所示，读者可尝试编译上述代码中被注释掉的代码，将地图缩放移动到其他位置，单击地图缩放控件下方新增的按钮看看运行效果，完整的代码请参考本书配套资源中的 4-2.html。

图 4-3　地图缩放等级的控制效果

上面代码设置的地图缩放等级都是整数，实际上也可以将缩放等级设置为小数。不过，在默认情况下，不允许设置为小数，但可以使用 zoomSnap 选项来进行修改。假定 zoomSnap 的属性值为 n，则地图的有效地图缩放等级为 $k×n$（$k=0$，1，2，3…）。zoomSnap 的默认属性值为 1，将其设置为小数，如 0.25，在地图实例化时增加 zoomSnap 属性即可。这里以 4-2.html 为例进行修改，修改后的代码如下：

```
1.  var myMap = L.map('mapid', {
2.      zoomSnap:0.25,                    //每次缩放 0.25 个等级
3.      center: [30.46,114.612],
4.      zoom: 15                          //地图缩放等级为 15
5.  });
```

为了清晰地看到地图缩放等级，这里在 4-2.html 对应的网页上增加一个容器，用于显示地图的实时地图缩放等级。既可以像 input 元素一样直接在 HTML 的 body 元素内增加一个 div 容器，也可以自定义一个 Leaflet 控件。这里采用自定义一个 Leaflet 控件的方法。

在 Leaflet 中，所有的控件都是 L.Control 的子类，自定义的 Leaflet 控件需要通过 L.Control.extend()方法来创建。需要注意的是，JavaScript 并不是一种真正面向对象的编程语言，其语法并没有 class，也就是没有类的概念，但 Leaflet 创造了一个 L.Class，可以模仿面向对象的编程语言里面的 class，要创建一个子类，只需要使用.extend()方法即可，该方法只需要传递一个由"属性：值"组成的普通对象作为参数，其中，属性值可以是函数。代码如下：

```
1.  var MyDemoClass = L.Class.extend({
2.      myDemoProperty: 42,                          //将属性初始值设为 42
3.      myDemoMethod: function() {
4.          return this.myDemoProperty;}             //也可以是一个函数
5.  });
6.  //返回 MyDemoClass 类的一个实例对象
7.  var myDemoInstance = new MyDemoClass();
8.  console.log( myDemoInstance.myDemoMethod() );    //输出 42
```

在对函数、属性等命名时，采用小驼峰格式，Leaflet 官网建议类名采用大驼峰格式，对于私有属性或方法的命名，采用下画线"_"开头加以区分[33]，这和之前介绍 Web 的开发基础时略有不同。

理解 Leaflet 对于有关类的处理后，我们再看看 Leaflet 官方说明文档中有关 Control 的说明。在通过 L.Control 扩展一个控件时，必须执行 onAdd()方法，该方法返回一个包含控件的 DOM 容器元素，并可增加一些相关的地图监听事件。代码如下：

```
1.  var ZoomViewer = L.Control.extend({
2.      onAdd: function(){
3.          var container= L.DomUtil.create('div');      //创建一个 div 容器
4.          var gauge = L.DomUtil.create('div');         //创建一个 div 容器
5.          container.style.width = '200px';             //容器宽度
6.          container.style.background = 'rgba(255,255,255,0.5)';
7.          //背景设置
8.          container.style.textAlign = 'left';          //文字排列
9.          myMap.on('zoomstart zoom zoomend', function(ev){
10.             //地图缩放触发事件
11.             gauge.innerHTML = 'Zoom level: ' + myMap.getZoom();
12.             //获取当前地图缩放等级
13.         })
14.         container.appendChild(gauge);
15.         return container;
16.     }
17. });
```

上面的代码通过 L.DomUtil.create()方法创建了两个 div 容器，对其中一个容器的样式进行了设置，同时增加了一个监听事件。当地图进行缩放操作时将触发该事件，该事件首先通过 getZoom()方法实时获取当前的地图缩放等级，并以文本形式显示在创建的 gauge 容器内；然后将 gauge 容器放在 container 容器内，并返回父容器元素 container。

创建完 L.Control 的一个子类后，采用面向对象的编程方法，通过关键字 new 来完成类的实例化，并将实例化的对象添加到地图上。代码如下：

```
1.  var zoomViewControl=new ZoomViewer;            //实例化
2.  zoomViewControl.addTo(myMap);                  //将控件添加到地图上
```

至此，自定义的一个可实时监测地图缩放等级的简单 Leaflet 控件已实现，代码运行后的效果如图 4-4 所示。

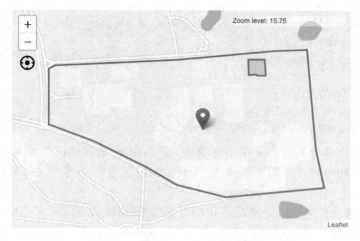

图 4-4　自定义 Leaflet 控件的地图缩放等级监测效果

在进行地图缩放操作后，可以看到自定义的 Leaflet 控件默认显示在地图的右上角，如需改变该控件的位置，可在 L.Control.extend()方法的对象参数中增加一个 position 属性，代码如下：

```
1.  options:{         //定义参数
2.      position:'bottomleft', //默认为 topright，还可设置为 topleft 或 bottomright
3.  },
```

Leaflet 指定了 4 个地图控件的位置，分别位于地图的左上角、右上角、左下角或右下角。除了以上介绍的设置方法，还可以在实例化 ZoomViewer 对象后，调用 setPostion()方法来调整地图控件的位置。代码如下：

```
1.  zoomViewControl.setPosition("bottomleft");  //调用 setPosition()方法调整地图控件的位置
```

将 zoomSnap 的属性值设置为 0.25 后，在通过鼠标滚轮缩放地图时，可以看到右上角的地图缩放等级显示的都是 0.25 的倍数，可以是小数，如图 4-4 中的 15.75。当试图使用 setZoom(0.8) 来控制地图缩放等级时，地图缩放等级将调整至接近 0.8 的 0.75，同样在使用 fitBounds(bounds) 方法或结束触屏上的缩放手势时，地图缩放等级都将调整至最接近的有效值。

当使用左上角自带的地图缩放控件时，每单击一次，地图缩放等级将相应地增大或减小 1 个等级。如果需要对其进行修改，则只需在地图实例化时增加 zoomDelta 属性即可。此外，如果需要对鼠标滚轮的每次地图缩放等级差进行控制，则可以再增加一个 wheelPxPerZoomLevel 属性，代码如下：

```
1.  var myMap = L.map('mapid', {
2.      zoomSnap:0.25,                    //每次缩放相隔 0.25 个等级
3.      zoomDelta:0.5,                    //自带地图缩放控件的每次缩放等级控制
4.      wheelPxPerZoomLevel:10,           //通过鼠标滚轮进行缩放控制
5.      center: [30.46,114.612],
6.      zoom: 15                          //地图缩放等级为 15
7.  });
```

完整的代码请参考本书配套资源中的 4-3.html，读者可修改以上介绍的若干属性参数，运行代码后注意观察自定义 Leaflet 控件内地图缩放等级的变化，这样将有助于更加深入地理解与地图缩放等级控制相关的知识。

4.2　鼠标光标坐标的获取

在很多应用场景下，我们都需要获取鼠标光标在屏幕上的坐标或在地图上的地理坐标，如鼠标单击选取某个地理要素，弹出关于这个地理要素的属性信息（详见 4.3 节）。相对来说，获取鼠标光标在屏幕上的像素坐标比较容易，JavaScript 中的鼠标事件提供了多种属性可获取鼠标光标的绝对坐标或相对坐标，如 screenX、screenY 可获取鼠标光标在屏幕上相对左上顶角的 x 轴和 y 轴的坐标像素值。要获取鼠标光标在地图上的地理坐标，既可以通过 Leaflet 的鼠标监听事件来实现（详见 4.3 节），也可以通过多种插件来实现。本节将使用插件 Leaflet.MousePosition 来获取鼠标光标在地图上的地理坐标。

进入 Leaflet 官网后，单击"Plugins"，找到插件 Leaflet.MousePosition 后可查看该插件的使用说明和示例，单击插件 Leaflet.MousePosition 还可以进入该插件的下载页面。在插件 Leaflet.MousePosition 的下载页面下载该插件的压缩包文件，并保存到本地（可参考图 3-7）。将压缩包文件解压缩后，在文件夹 src 下可以看到文件 L.Control.MousePosition.css 和 L.Control.MousePosition.js，分别将这两个文件复制到工程的 CSS 文件夹和 JS 文件夹下。

本节在 4-3.html 代码的基础上添加一个显示鼠标光标经纬度的控件。首先在 HTML 文档的头部引用以上两个文件，代码如下：

```
1.  <link rel="stylesheet" href="CSS/L.Control.MousePosition.css">
2.  <script src="JS/L.Control.MousePosition.js"></script>
```

注意，L.Control.MousePosition.js 必须在引用 leaflet.js 之后再引用，很多插件都是在 leaflet.js 的基础上开发而来的，因此使用这些插件时必须由 leaflet.js 支撑，也就是在 HTML 文档头部需首先引用 leaflet.js。

然后在 JavaScript 代码中增加以下代码：

```
1.  L.control.mousePosition({          //添加经纬度显示控件
2.      position:'bottomleft',          //控件位置，默认为左下角
3.      separator: ', ',                //经度和纬度之间的分隔符，默认为"："
```

```
4.        emptyString:'显示经纬度',    //经纬度未显示前的默认文本，默认为 Unavailable
5.        numDigits: 5,              //经纬度小数点后面的位数，默认为保留 5 位
6.        lngFirst: true,           //是否将经度放在前面，默认为否
7.        lngFormatter: function (e) {   //自定义函数控制经度小数位数
8.            return    L.Util.formatNum(e,6);
9.        },
10.       latFormatter: function (e) {   //自定义函数控制纬度小数位数
11.           return    L.Util.formatNum(e,6);
12.       },
13.       prefix: '经纬度：',          //经纬度数字前缀，默认为空
14. }).addTo(myMap);
```

从上面的代码可以看出，插件 Leaflet.MousePosition 实际上是一个自定义控件，通过指定控件的若干属性，即可完成控件的设置。

最后通过 addTo()方法将插件 Leaflet.MousePosition 添加到地图上。其中，numDigits 属性用于指定经纬度小数点后面保留的位数；lngFormatter 和 latFormatter 属性则可分别通过自定义函数来控制经纬度四舍五入后的小数位数，具有更高的优先级，设置这两个属性后，numDigits 属性将失去效能。插件 Leaflet.MousePosition 的这些属性都设置有默认值，当不指定这些属性值时，经纬度显示控件将按默认状态显示代码如下：

```
1.    L.control.mousePosition().addTo(myMap);
```

鼠标光标在地图上的地理坐标如图 4-5 所示，当鼠标光标在地图上移动时，左下角将实时显示鼠标光标在地图上的地理坐标，完整的代码请参考本书配套资源中的 4-4.html。

图 4-5　鼠标光标在地图上的地理坐标

4.3　弹出窗（Popup）

弹出窗经常被用来显示一些用户感兴趣的信息。虽然在 JavaScript 中，通过 alert()方法可弹出一个信息框，但相对而言，Leaflet 提供的弹出窗更加灵活可控，尤其是在与鼠标、地图

数据的交互操作方面。本节将在 4-4.html 的基础上添加弹出窗。

一般而言，弹出窗往往是在触发某个事件后才出现的，如鼠标单击事件。例如，在图 4-5 所示的地图上单击鼠标，可在弹出窗中显示坐标。

首先定义一个函数，当鼠标单击事件发生时，调用这个函数。代码如下：

```
1.  function onMapClick(e) {
2.      alert("经纬度：" + L.Util.formatNum(e.latlng.lng,3)+", "+L.Util.formatNum(e.latlng.lat,3));
3.  };
```

为了便于对比，上面的代码使用了 JavaScript 中的 alert()方法，其中，L.Util.formatNum() 方法用于控制小数点后四舍五入之后的位数，在 4.2 节中已有使用。

然后为地图增加一个鼠标单击事件，代码如下：

```
1.  myMap.on('click', onMapClick);              //为地图增加鼠标单击事件
```

或者：

```
1.  myMap.addEventListener('click',onMapClick);       //为地图增加鼠标单击事件
```

Leaflet 中每个对象都有自己的一套事件，主要用于处理发生在对象身上的一些行为，如鼠标单击、双击、移开等。Leaflet 的官方说明文档对各个对象的事件都有详细的列表说明，读者可以在 Leaflet 官方文档中查看表头为 Event 的列表。事件通常和函数配合使用，这样可以通过发生的事件来驱动函数的执行。到目前为止，本书已经用到了三种添加事件的方法：一种是在 HTML 元素中直接添加事件属性，如在 4.1.2 节的<input>标签中为图片按钮增加一个 onclick 事件，当事件发生时调用 JavaScript 中的 SetZoomTest()方法；另外两种是通过 on() 方法或 addEventListener()方法来添加对事件的监听。事件监听函数的第一个参数是一个事件对象，它包含了事件发生的一些有用信息，如 onMapClick()方法中的参数 e 就包含了鼠标单击事件发生的地点，即鼠标光标在地图上的地理坐标。至此，运行代码后，在地图上单击鼠标，将弹出该处的经纬度提示框。

接下来利用 Leaflet 提供的弹出窗来替换以上提示框。通过 L.popup()方法创建一个弹出窗后，对 onMapClick 函数进行修改，根据鼠标单击时的位置确定弹出窗显示的位置和信息，通过 openOn()方法将弹出窗显示在地图上。代码如下：

```
1.  var popup = L.popup();                      //创建一个弹出窗
2.  function onMapClick(e) {
3.      popup
4.          .setLatLng(e.latlng)                //设置弹出窗位置
5.          .setContent("经纬度：" + L.Util.formatNum(e.latlng.lng,3)+","+L.Util.formatNum(e.latlng.lat,3))
//设置弹出窗内容
6.          .openOn(myMap);                     //在地图上打开弹出窗，同时关闭已打开的弹出窗
7.  }
```

以上代码采用了一种简写的方式对 popup 的属性进行设置，当需要对同一个对象设置多个属性时经常使用这种写法，注意每个属性设置后面没有分号相隔，这样每行代码可以省去重复 popup。运行代码后，在地图上单击鼠标，弹出窗将显示在鼠标单击处，如图 4-6 所示。请读者对比弹出窗和提示框的运行效果。

图 4-6　弹出窗的效果

在实际应用中，往往需要查看地图中特定要素的属性信息，如加载的 GeoJSON 数据中各地图要素的名称信息。针对单独存在的某个要素（如一个图标），可通过以下方式快速设置弹出窗，代码如下：

```
1.   marker.bindPopup(popupContent).openPopup();
```

其中，popupContent 为弹出窗中要显示的内容。针对某一个地图图层所有地理要素，同样也可以通过 bindPopup()方法来设置弹出窗，这里以 4-4.html 为例，对加载的 GeoJSON 图层设置弹出窗，代码如下：

```
1.   var geojsonLayer = new L.GeoJSON.AJAX("data/featureCUG.geojson");   //加载位于 data 文件夹下的
GeoJSON 数据
2.   var selectFeat;
3.   geojsonLayer.bindPopup(function (layer) {          //设置弹出窗
4.       selectFeat=layer;
5.       var feat=layer.feature;                        //获取选中的要素
6.       if(feat.geometry.type!="Point"){               //如果不是点要素，则获取要素范围
7.           layer.setStyle({
8.               color:'#FF0000',                        //选中的面要素、线要素，用红色突出显示
9.           });
10.          //myMap.fitBounds(layer._bounds);           //获取要素的范围
11.          myMap.fitBounds(layer.getBounds());         //与上一句等同
12.      }else {
13.          myMap.flyTo(layer.getLatLng(),15);          //如果是点要素，则回到以点为中心的视图
14.      }
15.      return feat.properties.名称;        //获取要素的名称，作为弹出窗显示内容
16.  }).on('popupclose',function () {     //关闭弹出窗时，要素恢复为默认样式
17.      if(selectFeat.feature.geometry.type!="Point"){   //非点要素
18.          selectFeat.setStyle({
19.              color:'#3388ff,                         //选中的面要素、线要素恢复默认样式
20.          });
21.      }
22.  });
23.  geojsonLayer.addTo(myMap);
```

以上代码实现了选中要素的居中放大显示，弹出窗将显示要素名称。对于非点要素，选中后颜色样式将发生变化，当关闭弹出窗时，颜色将恢复默认样式，类似的功能在地理要素查询中经常用到。在上面的代码中，bindPopup()方法的参数使用了一个函数，该函数将绑定的地图图层作为参数，由此可获得鼠标单击时选取的要素信息。如果选取的要素不是点要素，则通过 setStyle()方法将其样式设置为红色。此外，还可以获取该要素的外包络矩形，通过 fitBounds()方法将选中的要素居中放大显示。如果选取的要素是点要素，则通过 flyTo()方法回到以该点为中心的视图，读者可以尝试修改其样式。函数返回要素的名称，可作为弹出窗上的显示内容。最后为弹出窗添加了一个 popupclose 事件，当弹出窗被关闭时触发，使原先被选中的要素恢复默认样式。

代码运行后的效果如图 4-7 所示，可以看到，当地图缩放等级变大后，选中的要素居中红色突出显示，在弹出窗中显示该要素的名称。当选中其他要素或关闭弹出窗时，该要素将恢复为原先的颜色，新选中的非点要素将居中放大并以红色突出显示。当选中点要素时，地图缩放等级将会调整为 15，点要素只会居中显示，不会改变图标或颜色。完整的代码请参考本书配套资源中的 4-5.html。

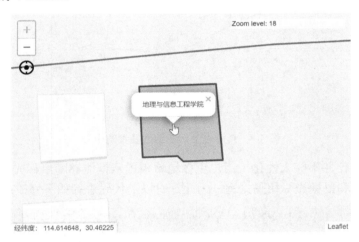

图 4-7　选中要素放大居中显示并通过弹出窗显示名称

4.4　提示框（Tooltip）

弹出窗能够显示丰富的内容，提示框通常仅用于显示小段文字，当鼠标光标移动到某个地图图层之上时就会显示提示框。除了如图 3-20 所示的通用提示框，Leaflet 还提供了自己的专用提示框，其最简单的用法如下：

```
1.  marker.bindTooltip("提示文字内容").openTooltip();
```

和绑定弹出窗一样，通过 bindTooltip()方法可以绑定提示框与地图图层。例如，在加载 GeoJSON 图层后，当鼠标光标移动至 GeoJSON 图层上时，提示框显示对应地物要素的名称。可通过类似弹出窗的实现方法来实现，代码如下：

```
1.   var geojsonLayer = new L.GeoJSON.AJAX("data/featureCUG.geojson");         //加载位于 data 文件夹下的
GeoJSON 数据
2.   geojsonLayer.bindTooltip(function (layer) {        //设置提示框
3.       var feat=layer.feature;                        //获取选中的要素
4.       return feat.properties.名称;   //获取地物要素的名称，作为提示框显示内容
5.   }).addTo(myMap);
```

上面的代码并没有指定提示框的显示位置，因此当鼠标光标移动到地物要素上时，提示框将默认显示在地物要素的中心，如图 4-8 所示。例如，当鼠标光标移动到锦城街时，提示框显示在该街道的中心。

图 4-8　提示框显示在地物要素的中心

显然，以上设计并不够人性化，用户更多地希望提示框能够随鼠标光标的移动而移动，这样不至于提示框和鼠标光标相隔太远。为此，对以上代码进行如下修改：

```
1.   var geojsonLayer = new L.GeoJSON.AJAX("data/featureCUG.geojson");        //加载位于 data 文件夹下的
GeoJSON 数据
2.   geojsonLayer.bindTooltip().addTo(myMap);
3.   geojsonLayer.on('mousemove',function (e) {   //提示框显示在鼠标光标处
4.       geojsonLayer.setTooltipContent(e.layer.feature.properties.名称);
5.       geojsonLayer.openTooltip(e.latlng);         //指定提示框的显示位置
6.   });
```

在上面的代码中，在给 geojsonLayer 绑定提示框时并没有指定任何参数。这里为 geojsonLayer 添加了一个鼠标移动事件，主要用于监听鼠标坐标、获取鼠标光标处的地物要素名称。在鼠标移动事件的函数中，通过 setTooltipContent()方法为提示框指定了显示的文本内容，通过 openTooltip()方法指定提示框的显示位置。运行上面的代码后，当鼠标光标移动到该地图图层上时，提示框会显示在鼠标光标处，如图 4-9 所示，并且提示框会随着鼠标光标的移动而移动。

除此之外，还有一个更加简单的方法，只需要在原有代码上增加一个属性 sticky，并将其属性值设置为 true。代码如下：

图 4-9　提示框显示在鼠标光标处

1.　var geojsonLayer = new L.GeoJSON.AJAX("data/featureCUG.geojson");　　//加载位于 data 文件夹下的 GeoJSON 数据
2.　geojsonLayer.bindTooltip(function (layer) {　　//设置提示框
3.　　　var feat=layer.feature;　　　　　　　//获取选中的要素
4.　　　return feat.properties.名称;　　//获取地物要素的名称，并作为提示框显示内容
5.　},{
6.　　　sticky:true,　　//提示框随鼠标光标的移动而移动，默认为 false，提示框显示在地物要素中心
7.　}).addTo(myMap);

完整的代码请参考本书配套资源中的 4-6.html，请读者尝试设置提示框的其他属性。

4.5　地图图层的操作

4.5.1　堆叠顺序的调整

3.2 节介绍了作为底图的地图服务加载，以及覆盖图层的加载，这实际上已经涉及地图图层的概念。我们可以把 Leaflet 地图想象成是由一系列按一定顺序堆叠在一起的地图图层组成的，3.3.2 节介绍了地图图层控件，可用于控制各地图图层的显示与否。实际上，Leaflet 是通过一个名为 pane 的 DOM 元素来控制地图图层的显示顺序的，可以将 pane 看成一个类似于 div 的容器，每幅地图都有以下默认的 pane 元素：tilePane、overlayPane、shadowPane、markerPane、tooltipPane、popupPane。这些 pane 元素分别被用于装载不同类型的地图图层，它们被包含在 mapPane 元素内。和 CSS 里面使用 z-index 属性来设置 DOM 元素的堆叠顺序一样，这些 pane 元素都有自己的 z-index 属性值，可分别用于不同类别的地图图层。在默认情况下，Leaflet 的地图图层堆叠顺序如下：

（1）TileLayer 和 GridLayer：对应于 tilePane，z-index 的属性值为 200。

（2）覆盖图层（如 GeoJSON 图层、ImageOverlay、VideoOverlay 等）：对应于 overlayPane，z-index 的属性值为 400。

（3）标记阴影层（在标记下方显示阴影，突出立体感）：对应于 shadowPane，z-index 的属性值为 500。

（4）标记图标层：对应于 markerPane，z-index 的属性值为 600。

（5）工具提示层：对应于 tooltipPane，z-index 的属性值为 650。

（6）弹出窗层：对应于 popupPane，z-index 的属性值为 700。

z-index 的属性值越小，对应的图层类型将越位于底层。这里以天地图地图的图层堆叠顺序为例进行介绍，如图 4-10 所示，图 4-10（a）和图 4-10（b）是两个 TileLayer，根据上述的堆叠顺序，它们将位于底层，其中，注记图层默认将堆叠在没有注记的底图上，如图 4-10（c）所示。图 4-10（d）是一个覆盖图层，该图层位于两个 TileLayer 之上，如图 4-10（e）所示，注记图层被武汉市行政区划图层压盖，显然这是不合理的。也就是说，Leaflet 默认的地图图层堆叠顺序未必是正确的，未必符合地图可视化的需求。针对这种情况，就需要对地图图层的堆叠顺序进行调整。大家可以测试一下，调整将这些地图图层通过 addTo()方法堆叠到地图上的顺序，或者在通过 L.map()方法实例化地图时调整 layers 属性值对应数组中的地图图层顺序，会发现这些方法并没有改变 Leaflet 默认的地图图层堆叠顺序，仍然会出现图 4-10（e）所示的效果。这说明，仅仅调整地图图层加载代码的顺序是无法改变地图图层堆叠顺序的。受到 z-index 设置的启发，我们看看是否可以通过调整对应 pane 元素的 z-index 属性值来修改地图图层的堆叠顺序。

（a）没有注记的底图（TileLayer）

（b）注记图层（TileLayer）

（c）注记图层位于底图之上

（d）武汉市行政区划图（GeoJSON 图层）

（e）地图堆叠注记图层和 GeoJSON 图层

图 4-10　天地图地图的图层堆叠顺序

我们可以不用调整天地图地图底图和覆盖图层的默认堆叠顺序，但可以为注记图层专门定制一个 pane 元素，这个过程需要在地图实例化之后进行。代码如下：

```
1.  var myMap = L.map("mapid", {
2.      zoom: 8,
3.  });
4.  myMap.createPane('labels');              //为注记图层专门定制一个 pane 元素
```

接下来需要设置 pane 元素的 z-index 属性值。根据上文的介绍，pane 元素的 z-index 属性值必须大于覆盖图层默认的 z-index 属性值，即必须大于 400。通过 getPane()方法获取 pane 元素后，修改 pane 元素的样式。代码如下：

```
1.  myMap.getPane('labels').style.zIndex = 401;              //设置 pane 元素的 z-index 属性值
```

这样会带来一个新的问题，位于顶层的地图图层将会捕捉鼠标事件。当用户在地图上单击鼠标时，浏览器会认为是在地图的注记图层单击鼠标，而不是在 GeoJSON 图层或底图上单击鼠标。如果想通过弹出窗来了解 GeoJSON 图层的某些属性信息，则需要使位于顶层的地图注记图层不再捕捉鼠标事件，此时，可以通过修改样式的 pointerEvents 属性来使地图注记图层不再成为鼠标单击事件的目标。代码如下：

```
1.  myMap.getPane('labels').style.pointerEvents = 'none';
```

创建并设置好 pane 元素之后，还需要向地图中添加图层。其中，添加天地图地图常规地图图层的方法可参考 3.2.2.1 节的相关内容。加载天地图地图的注记图层时，需要特别指出其 pane 元素的属性值为"labels"。代码如下：

```
1.  var norAnn = L.tileLayer.chinaProvider('TianDiTu.Normal.Annotation', {
2.      key: "8dae84fa331cbe1d834dde924688cad2",
3.      maxZoom: 18,
4.      minZoom: 5,
5.      pane: 'labels',         //指定对应的 pane 元素
6.  }).addTo(myMap);
```

在加载 GeoJSON 数据之后，要为其中的每个要素都增加鼠标交互事件。当单击某个要素时，在弹出窗中显示其名称，并将地图缩放到该要素范围内。代码如下：

```
1.  var geojsonLayer = new L.GeoJSON.AJAX("data/wuhan.json").addTo(myMap);
2.  geojsonLayer.on('data:loaded',function(data){    //以上加载方式为异步加载，此事件当数据加载完成后触发
3.      geojsonLayer.eachLayer(function (layer) {    //为每个要素绑定弹出窗
4.          layer.bindPopup(function (layer) {
5.              myMap.fitBounds(layer.getBounds());          //单击后放大到单击的要素范围
6.              return layer.feature.properties.name;        //显示名称
7.          });
8.      });
9.      myMap.fitBounds(geojsonLayer.getBounds());           //视窗正好完整显示武汉市行政区划范围
10. });
```

由于 L.GeoJSON.AJAX()方法是异步加载 GeoJSON 数据的，因此在通过上面的代码加载 GeoJSON 数据后，还需要为其中的每个要素都绑定弹出窗，并设置地图缩放方式。该过程可

通过给实例化的 GeoJSON 图层增加一个 data.loaded 事件来完成，通过 eachLayer()方法获取 GeoJSON 数据的每个要素后，为每个要素都绑定弹出窗。如果触发的事件函数内容（上面代码的第 3～9 行）直接放在实例化 GeoJSON 图层后，而不增加 data.loaded 事件，则在浏览器解析到该段代码时，GeoJSON 数据可能尚未加载完成，这样会将导致调试错误。

此外，我们也可以按照 4.3 节介绍的方法，直接为 GeoJSON 图层绑定弹出窗，大家可以对比下面的代码和上述代码的差异。

```
1.  var geojsonLayer = new L.GeoJSON.AJAX("data/wuhan.json").addTo(myMap);
2.  geojsonLayer.on('data:loaded',function(data){   //以上加载方式为异步加载,此事件当数据加载完成后触发
3.      geojsonLayer.bindPopup(function (layer) {
4.          myMap.fitBounds(layer.getBounds());
5.          return layer.feature.properties.name;
6.      });
7.      myMap.fitBounds(geojsonLayer.getBounds());   //视窗正好完整显示武汉市行政区划范围
8.  });
```

至此，天地图地图的注记图层已经位于顶层，其次为武汉市行政区划覆盖图层，底层为天地图地图的常规地图图层。当鼠标单击武汉市的某个行政区划时，该行政区划将被放大居中显示在地图上，并在弹出窗中显示该行政区划的名称，如图 4-11 所示，完整的代码请参考本书配套资源中的 4-7.html。

图 4-11　调整地图图层堆叠顺序后的效果

4.5.2　图像的配准

4.5.1 节介绍了常见的一种栅格图层 TileLayer 的加载方法，本节将介绍另一种栅格图层 ImageOverlay 的加载方法。ImageOverlay 用于在地图上的指定范围内加载显示一幅图像，类似于 GIS 中的配准功能，即将同一区域不同数据来源的图像进行地理坐标匹配。本节以高德地图为例，演示如何在中国地质大学（武汉）未来城校区的范围内叠加一张规划图。

首先我们新建一个 HTML 文档，按照 3.2.2.3 节介绍的方法加载高德地图，然后在
JavaScript 代码的最后添加以下代码：

```
1.    var imageUrl = 'images/Future_CUG.png',    //指定图像路径
2.        imageBounds = [[30.46108, 114.6099], [30.4542,    114.62297]];
3.    //指定图像在地图上的范围
4.    L.imageOverlay(imageUrl, imageBounds).addTo(myMap);
```

L.imageOverlay()方法用于实例化一个图像的覆盖图层对象，需要指定图像的存储路径，
该路径可以是相对路径，也可以是绝对路径；此外，还需指定图像放置的矩形范围，该范围
通过指定矩形两个对角点的经纬度来确定，可以以数组的形式指定（如以上代码），也可以通
过 L.latLngBounds()方法来实现。代码如下：

```
1.    var corner1 = L.latLng(30.46108, 114.6099),
2.        corner2 = L.latLng(30.4542, 114.62297),
3.        imageBounds = L.latLngBounds(corner1, corner2);
```

此外，L.imageOverlay()方法还可以添加一个可选参数，用于设置图像的透明度、显示失
败时的替代文本、是否禁用鼠标事件等属性。完整的代码请参考本书配套资源中的 4-8.html，
图像配准后的效果如图 4-12 所示。

图 4-12   图像配准后的效果

这里使用的是一个透明的 png 图像，在实际应用中，大家获取的图像可能并不是透明的，
也可能与真实地图并不完全匹配，此时可以通过一些图像处理软件，如 Photoshop，对图像进
行适当旋转和透明化处理，这样，才能在 Leaflet 中加载后和地图融合得更加完美。本示例中
使用的中国地质大学（武汉）未来城校区规划图原始图像 Future_CUG.jpg，可在本书配套资
源中第 4 章的 data 文件夹下找到，在 Leafle 加载之前按照以上方法对 Future_CUG.jpg 进行了
预处理。实际上，Leaflet 也提供了一些插件，可用来在线调整图像与地图的对应关系，如插
件 Leaflet.ImageTransform、Leaflet.DistortableImage 和 Leaflet.ImageOverlay.Rotate 等，这里以
插件 Leaflet.DistortableImage 为例，进行图像的在线配准。

进入 Leaflet 官网后，单击"Plugins"，找到插件 Leaflet.DistortableImage 后可查看该插件

的使用说明和示例，单击插件 Leaflet.DistortableImage 还可以进入该插件的下载页面。在插件 Leaflet.DistortableImage 的下载页面下载该插件的压缩包文件，并保存到本地（可参考图 3-7）。将压缩包文件解压缩后，在 dist 文件夹下找到文件 leaflet.distortableimage.css 和 leaflet.distortableimage.js，分别将其复制到工程的 CSS 文件夹和 JS 文件夹下。需要注意的是，插件 Leaflet.DistortableImage 建立在其他 JavaScript 库的基础之上，该插件的正常运行需要依赖这些库，从该插件提供的示例可以看出，这些依赖的第三方库已被该插件打包在文件 vendor.js 和 vendor.css 中，因此，还需下载文件 vendor.js 和 vendor.css。这两个文件在插件 Leaflet.DistortableImage 的压缩包文件中并不存在，该插件的压缩包文件仅提供了一些依赖的第三方库，但可以从该插件的示例中将文件 vendor.js 和 vendor.css 单独提取出来。在提取文件 vendor.js 和 vendor.css 时，只需在浏览器调试状态下找到这两个文件后，右键单击这两个文件，在弹出的右键菜单中选择"另存为"即可。将提取出来的文件 vendor.js 和 vendor.css 分别复制到工程的 CSS 文件夹和 JS 文件夹下，新建一个 HTML 文档，在 HTML 文档的头部元素中引用 leaflet.distortableimage.css、leaflet.distortableimage.js、vendor.js 和 vendor.css。由于插件 Leaflet.DistortableImage 对 vendor 的依赖，因此 vendor 的引用必须出现在引用插件 Leaflet.DistortableImage 之前。代码如下：

```
1.  <link rel="stylesheet" href="CSS/vendor.css">
2.  <link rel="stylesheet" href="CSS/leaflet.distortableimage.css">
3.  <script src="JS/vendor.js"></script>
4.  <script src="JS/leaflet.distortableimage.js"></script>
```

这里仍然按照 3.2.2.3 节介绍的方法加载高德地图，在 JavaScript 代码的最后添加以下代码：

```
1.   myMap.whenReady(function() {
2.   //在默认状况下将图像加载到地图中央
3.   img = L.distortableImageOverlay('images/Future_CUG0.png',{
4.       actions: [L.ScaleAction,L.DistortAction,L.RotateAction, L.FreeRotateAction, L.LockAction],
         //保留其中几个功能
5.       translation: {          //将英文提示翻译为中文提示
6.           scaleImage: '缩放',
7.           distortImage: '扭曲',
8.           rotateImage: '固定旋转',
9.           freeRotateImage: '自由旋转',
10.          lockMode: '锁定',
11.      },
12.  }).addTo(myMap);
```

当地图初始化设置了视图中心和地图缩放等级后，就会执行 whenReady()方法，该方法通过 L.distortableImageOverlay()方法对图像进行控制。L.distortableImageOverlay()方法中第一个参数用于指定图像的存储路径，第二个参数为可选参数，如不设定，将默认加载插件 Leaflet.DistortableImage 的所有功能，如图 4-13 所示。

图 4-13　插件 Leaflet.DistortableImage 默认加载的所有功能

如图 4-13 所示，从左到右的功能依次为移动、缩放、扭曲、固定旋转、自由旋转、锁定、透明化、设置边框、导出、删除。图像默认加载到地图视图中心，单击选中的图像时可弹出如图 4-13 所示的工具栏，选中其中某个配准工具后即可开始执行相应操作。在本示例中，L.distortableImageOverlay()方法第二个参数通过 actions 属性的设置保留了其中 5 个常用的功能，通过 translation 属性的设置将每个功能的英文提示翻译成中文。除此之外，插件 Leaflet.DistortableImage 还提供了 corners 属性，用于手动设置图像的初始位置，初始位置由 4 个坐标构成的矩形范围组成；editable 属性用于设定图像是否可编辑，在默认状态下是可编辑的；fullResolutionSrc 属性用于指定一个更高分辨率的图像，配准后导出为调整后的全分辨率图像；mode 属性用于在选中图像时指定初始配准工具，默认为扭曲工具，单击图像时即可激活该工具；rotation 属性用于指定图像的初始旋转角度；selected 属性用于设定图像在加载时是否已被选中，默认为没有被选中；suppressToolbar 属性用于设定是否加载图 4-13 所示的工具栏，默认为加载后才能使用该工具栏的功能，否则需要手动调用相应的 API 来实现相应的功能。

完整的代码请参考本书配套资源中的 4-9.html，图像在线配准的效果如图 4-14 所示。通过插件 Leaflet.DistortableImage，在导入图像后即可在线调整图像状态，使之与地图完美匹配，无须进行提前处理（除了剔除无用的背景信息）。插件 Leaflet.DistortableImage 不仅可以对一幅图像进行处理，还可以同时处理多幅图像，此处不再详述，建议读者参照 Leaflet 的官网说明文档尝试一下。

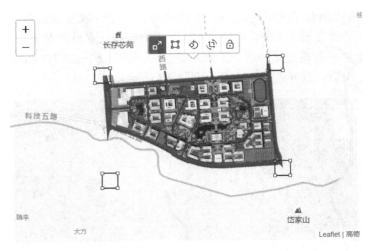

图 4-14　图像在线配准的效果

4.5.3　视频的配准

除了图像可以配准到地图上，视频也可以配准到地图上。Leaflet 将视频图层 VideoOverlay 和 ImageOverlay、TileLayer 一起划归为栅格图层。本节按照 3.2.1 节介绍的方法加载 Mapbox 卫星影像图层，将地图视图中心设置为[37.8，−96]，将地图缩放等级设置为 4，将 Mapbox 卫星影像图层 id 属性值设置为 "mapbox/satellite-v9"，其余代码与 3.2.1 节的代码相同。

和图像配准一样，在进行视频配准时也需要指定一个放置视频的范围，代码如下：

```
1.  var bounds = L.latLngBounds([[32, -130], [ 13, -100]]);
2.  //视频放置的范围
3.  myMap.fitBounds(bounds);          //将地图缩放至该范围
```

为方便浏览，以上代码通过 fitBounds()方法将地图缩放至视频放置的范围。加载 VideoOverlay 的方法与加载 ImageOverlay 的方法非常相似，只不过需要用 L.videoOverlay()方法替代 L.imageOverlay()方法。代码如下：

```
1.  var videoUrls = [                          //可以是字符串或数组
2.      'data/patricia_nasa.webm',            //存储视频的相对路径或绝对路径
3.      //'data/patricia_nasa.mp4',
4.  ];
5.  var videoOverlay = L.videoOverlay(videoUrls, bounds, {
6.      opacity: 0.8,       //透明度
7.      muted:true,         //Chrome 浏览器只支持静音播放，有些浏览器可不用设置静音
8.  }).addTo(myMap);
```

L.videoOverlay()方法的第一个参数可以是存储视频的相对路径或绝对路径（字符串），也可以是由几个视频地址组成的数组，还可以是 HTML 文档的视频元素；第二个参数是视频放置的矩形范围；第三个参数是可选参数，用于设置视频是否自动播放（默认为自动播放）、是否循环播放（默认为循环播放）、投影后是否保持长宽比、是否静音播放等。另外，VideoOverlay 还从 ImageOverlay 继承了一些属性可供设置，如透明度等，可参见 4.5.2 节。值得注意的是，由于 Google 在 2018 年出台了关于自动播放的限制条款，因此在 Chrome 浏览器中进行调试时，必须将 muted 的属性值设置为 true，也就是 Chrome 浏览器只支持静音条件下的自动播放，其他有些浏览器可能并不需要设置静音，大家不妨注释掉上述代码中的 muted 属性设置语句试试。至此，运行代码后，视频配准的效果如图 4-15 所示。

图 4-15　视频配准的效果

和其他图层一样，既可以增加或删除 VideoOverlay，也可以通过地图图层控件来控制 VideoOverlay 的显示或隐藏。那么是否可以控制视频的播放或暂停播放呢？答案是肯定的。在 Leaflet 的官方文档里面可以看到，VideoOverlay 本身并没有提供一个播放或暂停播放的方

法，但提供了一个 getElement()方法，这个方法将返回一个接口 HTMLVideoElement，该接口提供了用于操作视频对象的方法，如播放视频的方法 play()、暂停视频的方法 pause()。这里按照 4.1.2 节介绍的方法，通过 L.Control.extend()方法分别创建一个播放控件和一个暂停控件，在视频加载代码的最后，添加以下代码：

```
1.   videoOverlay.on('load', function () {              //创建暂停控件
2.       var MyPauseControl = L.Control.extend({
3.           onAdd: function() {
4.               var button = L.DomUtil.create('input');
5.               //创建 input 元素
6.               button.type = "image";                 //图片按钮
7.               button.src="CSS/images/暂停.png";       //设置按钮图标
8.               button.style="width:30px; height:30px; cursor:pointer";   //指定样式
9.               L.DomEvent.on(button, 'click', function () {
10.                  //监听单击事件
11.                  videoOverlay.getElement().pause();   //执行暂停操作
12.              });
13.              return button;
14.          }
15.      });
16.      var MyPlayControl = L.Control.extend({           //创建播放控件
17.          onAdd: function() {
18.              var button = L.DomUtil.create('input');
19.              //创建 input 元素
20.              button.type = "image";                   //图片按钮
21.              button.src="CSS/images/播放.png";         //设置按钮图标
22.              button.style="width:30px; height:30px; cursor:pointer";   //指定样式
23.              L.DomEvent.on(button, 'click', function () {
24.                  //监听单击事件
25.                  videoOverlay.getElement().play();     //执行播放操作
26.              });
27.              return button;
28.          }
29.      });
30.      var pauseControl = (new MyPauseControl()).addTo(myMap);
31.      //添加暂停控件
32.      var playControl = (new MyPlayControl()).addTo(myMap);
33.      //添加播放控件
34.  });
```

当完全加载 HTML 文档中的视频内容后，便可以执行创建控件操作。同 4.1.2 节介绍的方法一样，在创建控件时，需要为 onAdd 指定一个控件元素实例，在 onAdd 后面跟着的函数中创建了一个 input 元素，并指定了 input 元素的类型和样式；通过 L.DomEvent.on()方法为 input 元素添加监听鼠标单击事件，当鼠标光标移动到创建的控件上时，鼠标光标变为手形，单击鼠标后即可执行视频播放或暂停播放的操作。需要注意的是，这里创建的只是控件类的一个子类（可参考 4.1.2 节的内容），还需要先将其实例化，再像其他控件一样，通过 addTo()方法

将实例化后的对象添加到地图上。

添加视频控件后的效果如图 4-16 所示,在地图的右上角可以看到添加的暂停控件和播放控件,单击这两个控件,便可控制地图上的视频播放与否,完整的代码请参考本书配套资源中的 4-10.html。大家可能会注意到,控件默认加载到了地图的右上角,如何才能修改控件的位置呢?这个问题留给读者思考。

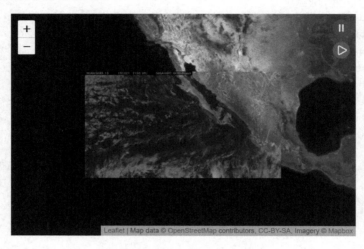

图 4-16　添加视频控件后的效果

以上方法对视频的要求较高,拍摄的南北走向需要与地图一样,而且还需提前了解对应的范围坐标。在实际应用中,加载的视频往往并不能很好地与地图匹配,和图像一样,需要进行调整。当然,我们可以在加载视频之前,通过一些视频编辑软件对视频进行预处理,但这种方式的可操作性较差,并且相对烦琐。与用于图像配准的插件 Leaflet.DistortableImage 相对应,Leaflet 也提供了用于视频配准的插件 Leaflet.DistortableVideo,但该插件的功能不如插件 Leaflet.DistortableImage 强大。插件 Leaflet.DistortableVideo 仅仅提供一个 setCorners()方法,用来设置视频放置的地理范围。

进入 Leaflet 官网后,单击"Plugins",找到插件 Leaflet.DistortableVideo 后可查看该插件的使用说明和示例,单击插件 Leaflet.DistortableVideo 还可以进入该插件的下载页面。在插件 Leaflet.DistortableVideo 的下载页面下载该插件的压缩包文件,并保存到本地(可参考图 3-7)。将压缩包文件解压缩后,在 dist 文件夹下可以看到 4 个以 index 开头的文件。其中,index.js 实际上就是 Leaflet.DistortableVideo 插件库,index.min.js 是 index.js 的压缩版,在调试代码时建议使用 index.js,发布工程时使用 index.min.js;另外两个以.map 为扩展名的文件是 index.js 和 index.min.js 的地址映射文件,建议调试时连同对应的.js 库一起复制到同一个文件夹下。此外,Leaflet.DistortableVideo 插件依赖的 numeric.js 库在 lib 文件夹下可看到,jQuery.js 库可以在 jQuery 官网下载。将以上 index.js、index. js.map、numeric.js 和下载的 jquery-3.5.1.js 复制到工程的 JS 文件夹下(在加载视频时已经创建了 JS 文件夹),为了便于区分,将 index.js 和 index.js.map 分别重命名为 distortableVideoOverlay.js 和 distortableVideoOverlay.js.map,并根据这些库的依赖关系,依次导入 HTML 文档。代码如下:

```
1.  <script src="JS/leaflet.js"></script>
2.  <script src="JS/numeric.js"></script>
3.  <script src="JS/jquery-3.5.1.js"></script>
4.  <script src="JS/distortableVideoOverlay.js"></script>
```

对上面加载视频的代码进行修改，用于指定视频放置范围的 bounds 变量保持不变，加载视频的方法由 L.videoOverlay()变为 L.distortableVideoOverlay()，参数保持不变。修改后的代码如下：

```
1.  var videoUrls = 'data/patricia_nasa.webm';
2.  var videoOverlay = L.distortableVideoOverlay(videoUrls, bounds, {
3.      opacity: 0.8,
4.      muted:true,        //Chrome 浏览器只支持静音播放，有些浏览器可不用设置静音
5.  }).addTo(myMap);
```

在视频放置范围的四个角各添加一个图标，通过图标的拖曳可进行视频配准，类似于插件 Leaflet.DistortableImage 的扭曲功能，具体代码如下：

```
1.  var topLeft =bounds.getNorthWest();
2.  var topRight = bounds.getNorthEast();
3.  var bottomRight = bounds.getSouthEast();
4.  var bottomLeft = bounds.getSouthWest();
5.  var corners=[topLeft,topRight,bottomRight,bottomLeft]; //获取视频放置范围的四个角的坐标
6.  var dragMarker=Array();
7.  for(var i=0;i<corners.length;i++){
8.      dragMarker[i]=L.marker(corners[i],{draggable:true}).addTo(myMap);        //在放置视频范围的四个角
各添加一个图标
9.      dragMarker[i].on('drag',function () {            //添加图标拖曳事件
10.         for(var j=0;j<corners.length;j++){
11.             corners[j]=dragMarker[j].getLatLng();
12.         //记录四个图标的新坐标
13.         }
14.         videoOverlay.setCorners(corners);            //重新放置视频
15.     });
16. };
```

在上述代码中，L.marker()方法的使用在 3.2.3.2 节已有过介绍，与 3.2.3.2 节不同的是，本节在第二个参数中增加了一个 draggable 属性，将其属性值设置为 true，这样便可以自由拖曳图标。将左上、右上、右下、左下四个角的图标按顺序存储在一个数组内，为每个图标增加一个拖曳（drag）事件监听器，当拖曳某个图标时，该图标的坐标会发生变化，此时将触发事件处理函数，对记录四个图标坐标的数组进行更新，更新后通过 setCorners()方法重新对视频放置范围进行调整。通过不断地拖曳四个图标，便可完成视频配准。完整的代码请参考本书配套资源中的 4-11.html，添加视频配准插件后的效果如图 4-17 所示，视频四个角上的图标可以任意拖曳，视频的形状将跟着调整。读者可以尝试实现类似于插件 Leaflet.DistortableImage 的其他功能，如平移、缩放、旋转、锁定等。

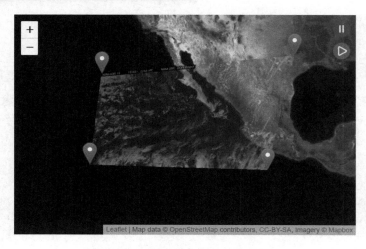

图 4-17　添加视频配准插件后的效果

4.5.4　地图图层的对比

在加载多个地图图层时，由于地图图层之间的堆叠顺序不同，往往只能看到最上层的地图图层，在实际应用中，有时需要对两个不同地图图层的数据进行局部细节上的可视化对比，这时可以采用分屏或图层蒙版的方式进行。

4.5.4.1　分屏对比

所谓分屏对比，是指将视图划分为左、右两部分，两部分的视图分别显示不同的地图图层。Leaflet 提供的插件 Leaflet.Control.SideBySide 可用来进行分屏对比。进入 Leaflet 官网后，单击"Plugins"，找到插件 Leaflet.Control.SideBySide 后可查看该插件的使用说明和示例，单击插件 Leaflet.Control.SideBySide 还可以进入该插件的下载页面。在插件 Leaflet.Control.SideBySide 的下载页面下载该插件的压缩包文件，并保存到本地（可参考图 3-7）。将压缩包文件解压缩后，可以找到 leaflet-side-by-side.js，将其复制到工程的 JS 文件夹下。本节在 4.5.2 节的基础上对 4-8.html 的代码进行修改，在视图左侧显示高德地图，在视图右侧显示中国地质大学（武汉）未来城校区规划图。

首先，在 HTML 文档的头部元素中引用 leaflet-side-by-side.js，代码如下：

```
1.  <script src="JS/leaflet-side-by-side.js"></script>
```

然后在视图左侧放置高德地图，可通过一个变量记录该地图图层，代码如下：

```
1.  var myLayer1 =L.tileLayer.chinaProvider('GaoDe.Normal.Map',{     //高德地图的常规地图图层
2.      attribution: '<a href="https://www.amap.com/">高德</a>',      //数据来源、知识版权等属性
3.      maxZoom:18,                          //最大地图缩放等级
4.      minZoom:5                           //最小地图缩放等级
5.  }).addTo(myMap);
```

通过 4.5.1 节的介绍可知，当 Leaflet 加载不同的地图图层时，ImageOverlay 将堆叠于 TileLayer 之上，加载中国地质大学（武汉）未来城校区规划图后，该规划图将默认显示在高

德地图之上。为了在地图视图的一侧隐藏中国地质大学（武汉）未来城校区规划图，可根据
4.5.1 节介绍的方法，通过设置其 pane 属性来修改堆叠顺序。代码如下：

```
1.  myMap.createPane('imageZIndex');
2.  myMap.getPane('imageZIndex').style.zIndex = 190;        //小于 TileLayer 默认的 zIndex 属性值 200 即可
3.  var imageUrl = 'images/Future_CUG.png',                 //指定图像的存储路径
4.  imageBounds = [[30.46108, 114.6099], [30.4542,    114.62297]]    //指定图像在地图上的范围
5.  var myLayer2=L.imageOverlay(imageUrl, imageBounds,{
6.      pane: 'imageZIndex',                                //默认覆盖在 tileLayer 之上
7.  }).addTo(myMap);
```

最后，利用 L.control.sideBySide()方法将实例化后的插件通过 addTo()方法添加到地图之
上。代码如下：

```
1.  L.control.sideBySide(myLayer1, myLayer2).addTo(myMap);
```

L.control.sideBySide()方法的两个参数分别是放置在视图左右两侧的地图图层或图层数
组。注意，视图左右两侧的地图图层必须不同。完整的代码请参考本书配套资源中的 4-12.html，
分屏对比的效果如图 4-18 所示，视图中间的控件可在左右两侧移动，不管移动到哪里，视图
左侧显示的始终是高德地图，视图右侧显示的始终是中国地质大学（武汉）未来城校区规划
图，这样就可以对规划图与实际地图进行对比分析。

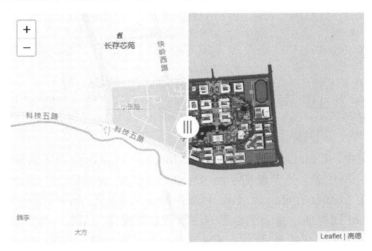

图 4-18　分屏对比的效果

需要强调的是，插件 Leaflet.Control.SideBySide 目前只支持 TileLayer 类型的地图图层。
在加载 ImageOverlay 类型的地图图层时，由于 ImageOverlay 类不支持 getContainer()方法，因
此会导致插件内部出现错误。要解决这一问题，一方面，不论是否需要调整地图图层的堆叠
顺序，都需要通过 createPane()方法为 ImageOverlay 图层创建一个 pane 元素（见 4.5.1 节的介
绍）；另一方面，需要对 leaflet-side-by-side.js 代码进行适当修改，将 ImageOverlay 加载一侧
地图图层的 getContainer()方法替换为 getPane()方法，读者不妨试试。

4.5.4.2　图层蒙版

图层蒙版提供了另外一种地图图层对比方式，通过为地图图层设定蒙版层，可以在指定的任意形状图案内显示蒙版层。Leaflet 提供的插件 Leaflet.TileLayer.Mask 可用来实现 TileLayer 的蒙版效果。

进入 Leaflet 官网后，单击"Plugins"，找到插件 Leaflet.TileLayer.Mask 后可查看该插件的使用说明和示例，单击插件 Leaflet.TileLayer.Mask 还可以进入该插件的下载页面。在插件 Leaflet.TileLayer.Mask 的下载页面下载该插件的压缩包文件，并保存到本地（可参考图 3-7）。将压缩包文件解压缩后，可以找到 leaflet-tilelayer-mask.js，将其复制到工程的 JS 文件夹下。

新建一个 HTML 文档，按照 3.2.1 节介绍的方法加载 Mapbox 栅格瓦片地图，同时在 HTML 文档头部元素的最后引用 leaflet-tilelayer-mask.js。代码如下：

```
1.   <script src="JS/leaflet-tilelayer-mask.js"></script>
```

在加载 Mapbox 栅格瓦片图层后，再加载 Mapbox 卫星影像图层作为蒙版层，插件 Leaflet.TileLayer.Mask 通过 L.tileLayer.mask()方法创建蒙版层，代码如下：

```
1.   var maskLayer = L.tileLayer.mask('https://api.mapbox.com/styles/v1/{id}/tiles/{z}/{x}/{y}?access_token=
{accessToken}', {
2.       maskUrl: 'images/heart.png',        //可选参数，默认为一个柔边白色圆
3.       maskSize: 250,                      //可选参数，用于设置蒙版尺寸
4.       maxZoom: 18,                        //最大地图缩放等级
5.       id:   "mapbox/streets-v11",         //服务 ID
6.       tileSize: 512,                      //瓦片尺寸
7.       zoomOffset: -1,                     //补偿地图缩放等级偏差
8.       accessToken: 'pk.eyJ1IjoibWFwYm94IiwiYSI6ImNpejY4NXVycTA2emYycXBndHRqcmZ3N3gifQ.
rJcFIG214AriISLbB6B5aw'                      //授权令牌
9.   }).addTo(myMap);
```

在上面的代码中，L.tileLayer.mask()方法对 Mapbox 卫星影像图层的参数设置和 4.5.3 节一样。与 4.5.3 节不同的是，本节新增了两个可选属性参数 maskUrl 和 maskSize，当不设置这两个参数时，插件 Leaflet.TileLayer.Mask 将采用默认大小的柔边白色圆作为蒙版形状，以上代码指定了 maskUrl 属性值，将一个心形的透明背景图像作为蒙版，指定 maskSize 的属性值为 250，用于设定蒙版形状的尺寸。接下来新增一个对鼠标移动事件的监听，让蒙版形状随着鼠标光标的移动而移动，代码如下：

```
1.   myMap.on("mousemove", function(e) {    //监听鼠标移动事件
2.       maskLayer.setCenter(e.containerPoint);
3.   });
```

完整的代码请参考本书配套资源中的 4-13.html，图层蒙版的效果如图 4-19 所示。当鼠标光标移动到地图上时，蒙版的形状随着鼠标光标的移动而移动，读者可以试着注释掉 maskUrl 属性和 maskSize 属性的设置，看看运行效果。另外，还可以试着将心形图案换成其他形状的图案，当图案填充白色时，蒙版层显示得最清晰。

图 4-19　图层蒙版的效果

4.6　地图的绘制

在 1.2.3 节在介绍 GeoJSON 数据时，推荐过 http://geojson.io/网站（见图 1-31），该网站可用于在线绘制点、线、面元素，利用 Leaflet 也可以实现这些功能。Leaflet 提供了多个地图绘制插件，本节介绍其中的 Leaflet.draw 插件，通过该插件可以在地图上绘制点、线、面元素。

进入 Leaflet 官网后，单击"Plugins"，找到插件 Leaflet.draw 后可查看该插件的使用说明和示例，单击插件 Leaflet.draw 还可以进入该插件的下载页面。在插件 Leaflet.draw 的下载页面下载该插件的压缩包文件，并保存到本地（可参考图 3-7）。将压缩包文件解压缩后，在 dist 文件夹下并没有找到插件 Leaflet.draw 官方文档介绍的 leaflet.draw.css 和 leaflet.draw.js，其他文件夹下的相同文件并不是打包好的库。建议在插件 Leaflet.draw 下载页面中找到关于版本介绍的 Releases 链接，单击该链接下载最新的版本。截至编写本章时，能够下载的最新版本压缩文件为 Leaflet.draw-0.4.14.zip，解压缩之后，在 dist 文件夹下可以看到文件 leaflet.draw-src.css、leaflet.draw-src.js、leaflet.draw-src.map、leaflet.draw.css、leaflet.draw.js 和文件夹 images。通过前文的介绍，想必大家已经清楚这些文件的用途和差异了。经过测试，建议使用 leaflet.draw-src.css、leaflet.draw-src.js，如果使用 leaflet.draw.css、leaflet.draw.js，则会在调试时出现错误。建议将样式文件和文件夹 images 放在同一个文件夹下。

首先，按照 3.3.2 节介绍的方法，新建一个 HTML 文档，加载天地图地图的常规地图图层及其注记图层、影像图层及其注记图层，并添加一个地图图层控件（代码可参照 3-19.html）。将上面的文件 leaflet.draw-src.js 复制到工程的 JS 文件夹下，将文件 leaflet.draw-src.css 和文件夹 images 复制到工程的 CSS 文件夹下。在 HTML 文档的头部元素中引用以上两个文件，代码如下：

```
1.    <link rel="stylesheet" href="CSS/leaflet.draw-src.css">
2.    <script src="JS/Leaflet.draw-src.js"></script>
```

接着，创建一个新的图层，用于存储绘制的图形，并将新建的图层作为可选图层添加到地图图层控件中，代码如下：

```
1.  var drawnItems = new L.featureGroup().addTo(myMap);
2.  L.control.layers(baseLayers,{'绘制层':drawnItems}).addTo(myMap);
```

然后，创建一个地图绘制工具栏，代码如下：

```
1.   var drawControl=new L.Control.Draw({
2.      edit: {                                    //编辑工具栏
3.         featureGroup: drawnItems,               //必须指定编辑的图层
4.         poly: {
5.            allowIntersection: false             //是否允许自相交
6.         },
7.      },
8.      draw: {                                    //地图绘制工具栏
9.         polyline:{
10.           shapeOptions: {                      //设置绘制的样式
11.              color: '#ff0000',
12.              weight: 10
13.           }
14.        },
15.        polygon: {
16.           allowIntersection: false,            //是否允许自相交
17.           shapeOptions: {                      //设置绘制的样式
18.              color: '#0000FF'
19.           }
20.        },
21.        circlemarker: false,                    //隐藏圆形图标功能
22.     }
23. });
24. //将部分工具提示转换为中文
25. L.drawLocal.draw.toolbar.buttons.polyline = '折线';
26. L.drawLocal.draw.toolbar.buttons.polygon = '多边形';
27. L.drawLocal.draw.toolbar.buttons.rectangle = '矩形';
28. L.drawLocal.draw.toolbar.buttons.circle = '圆';
29. L.drawLocal.draw.toolbar.buttons.marker = '点';
30. myMap.addControl(drawControl);
```

L.Control.Draw()方法有三个可选参数，可分别控制地图绘制插件的位置、配置绘制工具栏和编辑工具栏。

绘制工具栏可以设置绘制折线、多边形、矩形、圆形、点图标、圆形图标等若干参数，如通过设置 allowIntersection 参数可以设置绘制折线或多边形时是否可以自相交，通过 https://leaflet.github.io/Leaflet.draw/docs/leaflet-draw-latest.html 可了解其他参数。如果不想使用某些工具，则可将这些工具对应的属性值设置为 false。例如，在上面的代码中，通过设置"circlemarker: false"隐藏了绘制工具栏上的圆形图标功能。此外，如果需要改变几何图形的显示样式，则可以通过设置 shapeOptions 的属性值来实现。例如，上面的代码对折线、多边形的默认样式进行了修改。

编辑工具栏必须指定 featureGroup 的属性值，该属性值用于指定哪个图层需要编辑。featureGroup 可以包含 0 个或多个简单的几何元素，如点、折线、多边形元素。插件 Leaflet.draw 并不支持 MultiPoint、MultiLineString、MultiPolygon、GeometryCollection 等类型的几何元素，如果需要在插件 Leaflet.draw 中使用（如编辑）这些类型的几何元素，则可以将这些类型的集合元素转换为简单的点、折线或多边形元素的要素集（FeatureCollection）后再使用。编辑工具栏还提供了编辑多边形时的参数设置，以及是否允许折线相交，通过将 edit 的属性值和 remove 的属性值设置为 false，可以隐藏编辑工具和删除工具。在上面代码的最后几行，通过 L.drawLocal 将绘制工具栏上的图标按钮由英文提示改为中文提示，其他部分并没有完全汉化，读者可以根据实际需要进行补充修改。上面代码的最后一行将创建的地图绘制工具栏通过 addControl()方法添加到了地图上。

最后，还需要给地图增加一个监听事件，当完成一个几何要素的绘制后就会触发该事件，从而将绘制完成的几何要素存储到新建的 drawnItems 图层中。代码如下：

```
1.  var saveGeoJSON;
2.  myMap.on(L.Draw.Event.CREATED, function (event) {
3.      var layer = event.layer;
4.      drawnItems.addLayer(layer);              //将绘制的几何要素添加到 drawnItems 图层中
5.      saveGeoJSON=drawnItems.toGeoJSON();      //用于输出 GeoJSON 数据
6.  });
```

插件 Leaflet.draw 提供了很多监听事件，以上代码仅用到了最常用的 created 事件，其他事件可参考插件 Leaflet.draw 的官方文档说明，此处不再详述。在上面的代码中定义了一个变量 saveGeoJSON（saveGeoJSON 及其赋值代码可以注释掉），放在此处的目的是想告诉读者，可以像 http://geojson.io/网站一样将绘制的几何图形另存为 GeoJSON 数据或其他格式的数据，并保存到本地计算机上，这并不是本书的重点，此处留给读者继续完善。

完整的代码请参考本书配套资源中的 4-14.html，绘制的地图如图 4-20 所示，左侧的地图绘制工具栏和编辑工具栏是不是和 http://geojson.io/网站提供的一样呢？本节在地图上绘制了点、折线、多边形、圆形、矩形，其中圆形和矩形采用的是默认样式，折线和多边形采用的是以上代码中修改后的样式。

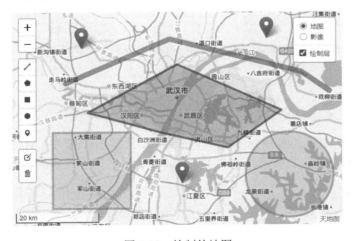

图 4-20　绘制的地图

4.7　地图的标注

3.3.2 节介绍了如何加载天地图地图的常规地图图层及其注记图层和影像地图及其注记图层。相较于加载这种发布的、已经配置好的地图注记服务，在地图上加载矢量数据（如 4.6 节绘制的地图数据、加载的 GeoJSON 数据等）并配置注记要更加复杂一些。

除了 4.4 节介绍的提示框（Tooltip）可用于注记的显示，Leaflet 还提供了一些插件可用于地图标注。其中，插件 Leaflet.label 已融入 Tooltip 中，不建议使用；插件 Leaflet.LabelTextCollision 可用于在为矢量数据标注时避免注记的相互堆叠，但暂未提供注记样式修改的选项。本节将介绍一种有别于以上插件的地图标注方法。

首先，新建一个 HTML 文档，按照第 3 章介绍的方法加载天地图地图的常规地图图层，通过插件 Leaflet-Ajax 加载位于工程文件夹 data 内的 featureCUG.geojson 数据。

接着，根据加载的数据几何类型，选择不同的标注方法。

对于点要素和面要素，使用 DivIcon 对象来显示注记。DivIcon 实际上是一个用<div>元素来替代图像的图标类，继承了 Icon 的很多选项。当<div>中的内容是文字时，DivIcon 既可以作为文字图标用于注记的显示，也可以在点或多边形的范围中心放置一个文字图标。代码如下：

```
1.  L.marker(latlng, {
2.      icon: L.divIcon({
3.          className: 'pointLabel',           //设置类名，用于样式控制
4.          html: feature.properties.名称,      //注记内容
5.          iconSize: [100, 20],               //注记放置范围
6.      })
7.  }).addTo(myMap);
```

上面的代码通过 L.divIcon()方法创建了一个 DivIcon 对象，在 DivIcon 的 html 属性中指定了注记文本内容，通过 iconSize 属性指定了放置注记的范围，通过 className 属性指定了放置注记的<div>元素类名，通过该类名，就可以在 DOM 中轻松找到对应的元素，并设置相应样式。代码如下：

```
1.  var pointLabel=document.getElementsByClassName('pointLabel');
2.  //通过类名找到元素,以下设置注记样式
3.  pointLabel[0].style.color= 'red';
4.  pointLabel[0].style['font-size']='large';
5.  pointLabel[0].style['font-family']='黑体';
```

以上代码只是指定了类名为 pointLabel 的第一个元素的样式，我们也可以直接在 HTML 文档的头元素内通过 class 选择器指定类名为 pointLabel 的所有元素的样式。代码如下：

```
1.  <style>
2.      .pointLabel{
3.          color: red;
4.          font-size: large;
```

```
5.        font-family:黑体;
6.      }
7.  </style>
```

对于线要素，注记一般沿线分布，Leaflet 提供的插件 Leaflet.TextPath 可用于实现该功能。进入 Leaflet 官网后，单击"Plugins"，找到插件 Leaflet.TextPath 后可查看该插件的使用说明和示例，单击插件 Leaflet.TextPath 还可以进入该插件的下载页面。在插件 Leaflet.TextPath 的下载页面下载该插件的压缩包文件，并保存到本地（可参考图 3-7）。将压缩包文件解压缩后，可以找到 leaflet.textpath.js，将其复制到工程的 JS 文件夹下，在 HTML 文档的头部元素中引用 leaflet.textpath.js。代码如下：

```
1.  <script src="JS/leaflet.textpath.js"></script>
```

最后，还需要通过 setText()方法指定注记文本内容，在该方法的第二个参数中设置注记是否重复显示（repeat 属性）、是否显示在线要素范围中心（center 属性）、是否显示在线的下方（below 属性）、相对线的偏移量（offset 属性）、旋转方向（orientation 属性）、文字样式（attributes 属性）等。代码如下：

```
1.  L.geoJson(data, {
2.      onEachFeature: function (feature, layer) {
3.          layer.setText(feature.properties.名称,{
4.              center: true,                       //是否显示在线要素范围中心
5.              offset: 0,                          //偏移量
6.              attributes: {'font-weight': 'bold', //设置注记样式
7.                           fill: 'black',
8.                           'font-size': '15'},
9.          });
10.     }
11. }).addTo(myMap);
```

完整的代码请参考本书配套资源中的 4-15.html，地图注记如图 4-21 所示，在移动地图时，街道上的注记将随之移动。

图 4-21　地图标注

127

4.8 本章小结

　　本章主要介绍了地图缩放的控制、鼠标光标坐标的获取、弹出窗、提示框、图层操作、地图绘制、地图标注等常见的地图基本操作功能。通过本章的学习，读者既可以了解地图缩放的基本原理与地图缩放等级的控制方法；也可以知道 Leaflet 地图是由地图图层堆叠而成的，不同类型的地图图层具有不同的堆叠优先级；除此之外，还能学习到加载图像图层或视频图层时的配准方法，以及用于地图图层对比的分屏对比和图层蒙版方法；最后，还能学到如何在地图上绘制自己的地图数据，并显示其注记。

第 5 章

Leaflet 专题地图绘制

在实际的地图可视化应用中，经常需要将一些经济、人口、教育、医疗卫生等非空间数据与地图结合在一起进行表达，这就涉及专题地图的绘制。专题地图的表达方法有很多，如分级统计图法、分区统计图表法、热力图、蜂窝图、等值线图等，如何实现这些常见专题地图表达方法的可视化是本章要重点介绍的内容。从本章起，我们开始进入基于 Leaflet 地图可视化的高级阶段。

5.1 分级统计图法

分级统计图法是指在整个制图区域的若干个小的区划内（行政区划或其他区划单位），根据各分区资料的数量指标进行分级，并用相应色级或不同疏密的晕线，反映各区现象的集中程度或发展水平的分布差别，又称为等值区域法。由于常用色级表示，故亦称为色级统计图法[34]。本节以湖北省人口分布专题地图为例，介绍基于 Leaflet 的分级统计图的实现方法。

5.1.1 获取数据

通过阿里云的地图选择器（DataV.GeoAtlas 官网）可以找到全国各省市区的 GeoJSON 数据，下载包含各市行政区划的湖北省全图数据，重命名为 Hubei.json，保存到工程的 data 文件夹下。此外，从 2010 年第六次全国人口普查数据获取湖北省各市的人口密度数据（链接为 http://www.stats.gov.cn/tjsj/tjgb/rkpcgb/dfrkpcgb/201202/t20120228_30391.html），单独新建一个 JavaScript 文件，命名为 Hubei.js，保存到工程的 JS 文件夹下，在 Hubei.js 文件内创建一个对象 cityData，用于存储湖北省各市的人口数。代码如下：

```
1.  var cityData = {
2.      武汉市: 9785392,
3.      黄石市: 2429318,
4.      十堰市: 3340843,
5.      宜昌市: 4059686,
6.      襄阳市: 5500307,
7.      鄂州市: 1048672,
```

```
8.      荆门市: 2873687,
9.      孝感市: 4814542,
10.     荆州市: 5691707,
11.     黄冈市: 6162072,
12.     咸宁市: 2462583,
13.     随州市: 2162222,
14.     恩施土家族苗族自治州: 3290294,
15.     仙桃市: 1175085,
16.     潜江市: 946277,
17.     天门市: 1418913,
18.     神农架林区: 76140,
19.  };
```

注意，以上各市的名称必须和下载的湖北省各市行政区划图的名称一一对应，这样可方便地将各市的地理空间数据与非空间属性数据关联起来。为了使用以上数据，在新建 HTML 文档时，必须在头部元素中引用"Hubei.js"。代码如下：

```
1.  <script src="JS/Hubei.js"></script>
```

至于湖北省各市行政区划图数据 Hubei.json，本节仍然通过前文介绍的插件 Leaflet-Ajax 进行加载。此外，本节选择天地图地图作为背景地图，详细过程在之前的章节中已有介绍，这里不再赘述。

5.1.2　设置样式

对于分级统计图，颜色的分级是至关重要的，在此推荐一款专门为地图编绘提供用色建议的工具 Colorbrewer，其网站页面如图 5-1 所示。

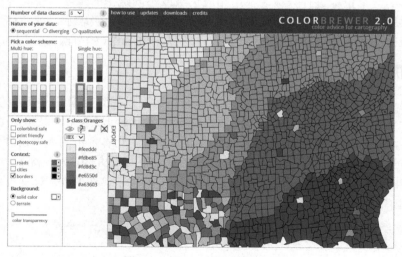

图 5-1　Colorbrewer 网站页面

登录 Colorbrewer 网站后，用户在选择分级数，确认数据属性（连续、离散、定性）后，Colorbrewer 网站会在左侧给出颜色分级建议，选择其中某个颜色分级示例，即可在右侧的地图上看到可视化后的效果。此外，Colorbrewer 网站还提供了各种格式的颜色方案，如 CSS、

JSON、JavaScript 等。

本节根据湖北省各市的人口数，将其分为 5 个等级，根据图 5-1 选择的颜色方案，创建一个函数，将每个城市的人口数作为参数，按照其所处的等级，返回对应颜色值。代码如下：

```
1.  function getColor(d) {                    //分级颜色
2.      return d > 6000000 ? '#a63603' :
3.      d > 4000000 ? '#e6550d' :
4.      d > 2500000 ? '#fd8d3c' :
5.      d > 100000 ? '#fdbe85' :
6.      '#feedde';
7.  };
```

上面的代码通过综合应用几个条件运算符，来判断传递进来的人口数应使用什么样的颜色进行表达。从湖北省各市行政区划图数据 Hubei.json 的 name 属性（feature.properties.name）中可以获取各市行政区划的名称，由此可从 Hubei.js 文件中获取对应的人口数（cityData[feature.properties.name]）。接下来，我们定义一个样式函数，用于设置各市行政区划单位的显示样式。代码如下：

```
1.  function style(feature) {              //分级统计图的样式设置
2.      return {
3.          fillColor: getColor(cityData[feature.properties.name]),
4.          weight: 2,
5.          opacity: 1,
6.          color: 'white',
7.          dashArray: '3',
8.          fillOpacity: 0.8
9.      };
10. }
```

在加载湖北省各市行政区划图数据 Hubei.json 时，通过调用上面的方法即可完成样式的设置，代码如下：

```
1.  var geojsonLayer = new L.GeoJSON.AJAX("data/Hubei.json",{
2.      style:style,                         //设置样式
3.  }).addTo(myMap);
```

运行代码后，可得到湖北省人口分级统计图，其样式设置如图 5-2 所示。

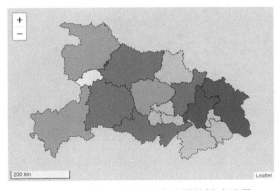

图 5-2　湖北省人口分级统计图的样式设置

5.1.3 添加注记

图 5-2 是湖北省人口分级统计图的雏形，但还缺少注记和图例。对于各市行政区划的注记，可以参照 4.7 节介绍的方法，在各市行政区划的中心放置一个 DivIcon 对象来显示注记。代码如下：

```
1.  var geojsonLayer = new L.GeoJSON.AJAX("data/Hubei.json",{
2.      style:style,                                //设置样式
3.      onEachFeature: function (feature, layer) {
4.          var latlng=layer.getBounds().getCenter();   //获取几何中心，作为注记锚点
5.          L.marker(latlng, {
6.              icon: L.divIcon({
7.                  className: 'polygonLabel',      //设置类名，用于样式控制
8.                  html: feature.properties.name,  //注记内容
9.                  iconSize: [100, 20],            //注记放置空间
10.             }),
11.         }).addTo(myMap);
12.     }
13. }).addTo(myMap);
```

在工程的 CSS 文件夹下新建一个样式文件，命名为 5-1.css，对每个注记的样式进行设置，添加如下代码：

```
1.  .polygonLabel{
2.      font-family:黑体;
3.      font-weight: bold;
4.      text-align: center;
5.  }
```

注意，需要将样式文件引用到 HTML 文档的头部元素中，代码如下：

```
1.  <link rel="stylesheet" href="CSS/5-1.css">
```

至此，即可完成注记的添加。运行代码后，可看到添加地图注记后的效果，如图 5-3 所示。当缩放地图时，以上注记的大小不会发生改变。如何才能让注记的大小随着比例尺的变化而变化呢？请读者先自行尝试解决，后文将提供解决方案。

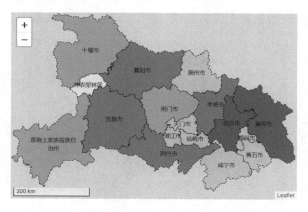

图 5-3　添加地图注记后的效果

5.1.4　添加图例

本节将在地图上增加一个图例，让用户能够理解每一个颜色色级代表的数量范围。上文已介绍过创建 Leaflet 控件的相关知识，这里创建一个图例控件，代码如下：

```
1.   var legend = L.control({position: 'bottomright'});          //图例位置
2.   legend.onAdd = function (myMap) {
3.       var div = L.DomUtil.create('div', 'info legend'),
4.           divTitle=L.DomUtil.create('div', 'title'),          //图例标题
5.           divInfo=L.DomUtil.create('div', 'legend'),
6.           grades = [0, 100000, 2500000, 4000000, 6000000];    //和 getColor()函数分级设色一一对应
7.           divTitle.innerHTML='<b>图例（人）</b>';
8.           div.appendChild(divTitle);
9.           //循环人口分级数组，在每个颜色块后面添加一个标注，表示对应的人口数范围
10.          for (var i = 0; i < grades.length; i++) {
11.              divInfo.innerHTML += '<i style="background:' + getColor(grades[i] + 1) + '"></i> ' +
(grades[i]+1)+ (grades[i + 1] ? '–' + grades[i + 1]+ '<br>' : '+');
12.          }
13.          div.appendChild(divInfo);
14.          return div;
15.      };
16.  legend.addTo(myMap);
```

在样式文件 5-1.css 中为设置了类名的 div 元素指定样式，代码如下：

```
1.   .info {
2.       padding: 6px 8px;
3.       font: 14px/16px Arial, Helvetica, sans-serif;
4.       background: rgba(255,255,255,0.8);
5.       box-shadow: 0 0 15px rgba(0,0,0,0.2);
6.       border-radius: 5px;
7.   }
8.   .legend {
9.       line-height: 18px;
10.      color: #555;
11.  }
12.  .title {
13.      text-align: center;
14.      margin: 0 0 5px;
15.  }
16.  .legend i {
17.      width: 18px;
18.      height: 18px;
19.      float: left;
20.      margin-right: 8px;
21.      opacity: 0.7;
22.  }
```

至此，图例添加完毕，运行代码后，可看到添加图例后的效果，如图 5-4 所示。

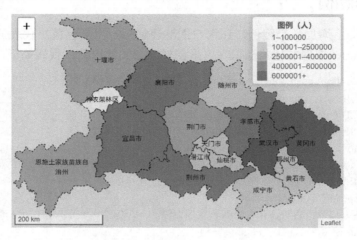

图 5-4 添加图例后的效果

5.1.5 设置交互

为了使地图的功能更加强大，需要设置一些交互功能。例如，在本节的地图中，当鼠标光标移动到湖北省某个城市上时，可提示该城市的人口数。通过 4.4 节介绍的提示框（Tooltip）可实现这个功能，读者可以尝试一下。本节将在地图右上角增设一个信息面板，用于显示城市名和城市人口数。

首先，为加载的 GeoJSON 图层定义一个鼠标光标悬停（mouseover）事件监听处理函数，代码如下：

```
1.   function highlightFeature(e) {              //鼠标光标悬停事件处理函数
2.       var layer = e.target;                   //获取鼠标光标悬停目标
3.       layer.setStyle({
4.           weight: 5,
5.           color: '#666',
6.           dashArray: ",
7.           fillOpacity: 0.7
8.       });
9.       if (!L.Browser.ie && !L.Browser.opera && !L.Browser.edge) {
10.          layer.bringToFront();               //IE、Opera、Microsoft Edge 浏览器不适用
11.      };
12.  };
```

上面的代码通过 e.target 获得了鼠标光标悬停目标，即鼠标光标所在的地图要素。由于我们给地图添加了注记，这些注记所在的 div 元素位于 GeoJSON 图层之上，因此也会捕获鼠标事件。为了不影响 GeoJSON 图层的鼠标捕获事件，在创建注记时增加了一句代码，将 interactive 的属性值设置为 false，代码如下：

```
1.   L.marker(latlng, {
2.       icon: ……,
```

```
3.        interactive:false,        //忽视鼠标事件
4.    }).addTo(myMap);
```

增加上述的代码后，即使将鼠标光标移动到某个注记上，捕获的仍然是位于该注记下方的行政区划要素。通过 setStyle()方法，可以改变被捕获的行政区划要素的显示样式，为了使其突显出来，通过 layer.bringToFront()方法使其位于所有图层的最顶层。需要注意的是，该方法并不适用于 IE、Opera、Microsoft Edge 等浏览器。

当鼠标光标离开所在的行政区划时，该行政区划要素应该恢复为原始状态，因此，还需定义一个鼠标离开（mouseout）事件监听处理函数，代码如下：

```
1.    function resetHighlight(e) {
2.        geojsonLayer.resetStyle(e.target);
3.    }
```

resetStyle()方法用于将 GeoJSON 图层恢复到 5.1.2 节加载 GeoJSON 图层时设置的 style 样式，geojsonLayer 必须提前定义好，以防出错。

接着，定义一个鼠标单击（click）事件监听处理函数，当用户单击某个行政区划时，地图居中放大到这个行政区划，代码如下：

```
1.    function zoomToFeature(e) {
2.        myMap.fitBounds(e.target.getBounds());
3.    }
```

以上定义的三个鼠标事件监听处理函数需要放置在事件监听器中才能发挥作用，这里在 5.1.3 节的 onEachFeature 选项中，在添加注记的代码后面增设鼠标事件监听器，代码如下：

```
1.    layer.on({                                //监听鼠标事件
2.        mouseover: highlightFeature,          //鼠标光标悬停
3.        mouseout: resetHighlight,             //鼠标光标移出
4.        click: zoomToFeature,                 //鼠标单击
5.    });
```

至此，运行代码后，当鼠标光标悬停到某个行政区划时，该行政区划将被突出显示；当鼠标光标移开后，该行政区划将恢复原状。另外，当鼠标单击某个行政区划时，地图将移动放大到该行政区划。

然后，在地图右上角增设一个信息面板，当鼠标光标悬停在某个行政区划上时，用于显示该行政区划的城市名称和城市人口数。和添加图例一样，这里创建一个控件，代码如下：

```
1.    var info = L.control();
2.    info.onAdd = function (myMap) {
3.        this._div = L.DomUtil.create('div', 'info');        //创建一个类名为 info 的 div 元素
4.        this.update();
5.        return this._div;
6.    };
7.    //更新内容
8.    info.update = function (props) {
9.        this._div.innerHTML = '<h4>湖北省人口分布</h4>' + (props ? '<b>' + props.name + '</b><br />' +
cityData[props.name] + ' 人' : '鼠标光标移动到各个城市即可查看');
```

```
10. };
11. info.addTo(myMap);
```

此处，我们创建了一个类名同样为 info 的 div 元素，这样信息面板可以共享 5.1.4 节添加图例时在 5-1.css 中已经设置好的样式。另外，还为信息面板指定了 updata()方法，用于更新信息面板上的文字内容。这个信息面板需要和鼠标事件联动才能发挥作用，因此需要在鼠标光标悬停事件和鼠标光标移出事件监听处理函数中调用 updata()方法，为此在 highlightFeature()函数和 resetHighlight()函数中分别增加对 updata()方法的调用，代码如下：

```
1. function highlightFeature(e) {
2.     ...
3.     info.update(layer.feature.properties);
4. }
5.
6. function resetHighlight(e) {
7.     ...
8.     info.update();
9. }
```

最后，为创建的信息面板上的 h4 元素指定一个样式，使其可视化效果更好，代码如下：

```
1. .info h4 {
2.     margin: 0 0 5px;
3.     color: #777;
4. }
```

完整的代码请参考本书配套资源中的 5-1.html，设置交互后的效果如图 5-5 所示，当鼠标光标移动到荆门市时，该市的行政区划边框变为灰黑色，并加粗突出显示，在地图右上角显示该市的人口数。

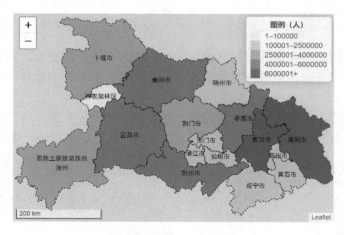

图 5-5　设置交互后的效果

5.1.6　绘制插件

除了前几节介绍的方法，Leaflet 还提供了插件 leaflet-choropleth，该插件可以更方便地实现分级统计图的绘制。进入 Leaflet 官网后，单击 "Plugins"，找到插件 leaflet-choropleth 后可查看该插件的使用说明和示例，单击插件 leaflet-choropleth 还可以进入该插件的下载页面。在插件 leaflet-choropleth 的下载页面下载该插件的压缩包文件，并保存到本地（可参考图 3-7）。将压缩包文件解压缩后，在 dist 文件夹下可以找到 choropleth.js，将其复制到工程的 JS 文件夹下，并在 HTML 文档的头部元素中引用该文件，代码如下：

```
1.  <script src="JS/choropleth.js"></script>
```

首先，我们对前几节的代码稍做修改，修改后的代码如下：

```
1.  var geojsonLayer = new L.GeoJSON.AJAX("data/Hubei.json",{
2.      middleware: function(geojson){
3.          for (var i=0;i<geojson.features.length;i++){
4.              var feature=geojson.features[i];
5.              feature.properties.people=cityData[feature.properties.name];
6.          };   //将人口信息加入 GeoJSON 数据中
7.          var choroplethLayer = L.choropleth(geojson, {   //开始绘制
8.              valueProperty: "people",   //对应 GeoJSON 数据中需要绘制的属性数据
9.              scale: ['#feedde', '#fdbe85','#fd8d3c','#e6550d', '#a63603'],   //使用 chroma.js 进行颜色插值，
可以是由两种颜色组成的范围，也可以包含任意多的颜色
10.             steps: 5, //分级数，如果以上颜色为用户指定数量的颜色，此处必须与以上颜色数量一致
11.             mode: 'k',   //q 表示分位数，e 表示等距分级，k 表示 k 均值聚类分级
12.             style: {
13.                 color: '#fff',         //轮廓颜色
14.                 weight: 2,             //轮廓宽度
15.                 fillOpacity: 0.8       //填充透明度
16.             }
17.         }).addTo(myMap);
18.     }
19. });
```

上面的代码并没有将 geojsonLayer 图层通过 addTo()方法添加到地图上，而是在通过 L.GeoJSON.AJAX()方法加载 GeoJSON 数据时，增加了一个中间函数 middleware()，该函数在 GeoJSON 数据读取完毕但尚未添加到 Leaflet 中时被调用，由此可以获得其中的 GeoJSON 数据。根据插件 leaflet-choropleth 的使用说明，在 GeoJSON 数据中需要包含绘制的属性项，即本示例中的人口数，并将人口数单独存为一个 JavaScript 文件，因此这里通过一个 for 循环语句从中读取各市行政区划的人口数并赋给 GeoJSON 数据新增的一个属性 people。

通过 L.choropleth()方法创建一个分级统计图图层，在该方法的第一个参数中传入修改后的 GeoJSON 数据，在第二个参数中设置分级统计图的若干配置项，如 valueProperty 用于指定 GeoJSON 数据中参与绘制的属性数据；scale 用于指定分级颜色，此处可以是由两种及以上的颜色组成的数组，如果是由两种颜色组成的数组，则插件 leaflet-choropleth 使用 chroma.js 库来对两种颜色之间的其他颜色进行插值设定；如果是由两种以上颜色组成的数组，则 steps 中的数值需与颜色数量一致；mode 用于指定分级方法，若设置为 q 则表示根据 steps 设定的数值按分位数分级，若设置为 e 则表示按等距分级，若设置为 k 则表示按 k 均值聚类算法分级，在实际应用中可根据数据特征进行选择；style 用于设定分级统计图的样式，如轮廓颜色、宽度、填充色透明度等。完成参数设置后，将 L.choropleth()方法创建的分级统计图图层通过

addTo()方法添加到地图上。至此，就完成了分级统计图的绘制和添加。

然后，将原先放在 L.GeoJSON.AJAX()方法中 onEachFeature 后面的内容，复制到 L.choropleth()方法中 onEachFeature 后，用于实现注记、交互功能。需要注意的是，resetHighlight()函数中操作的图层是 choroplethLayer，而不是 geojsonLayer，因此需要将 geojsonLayer 改为 choroplethLayer。由于本节的 choroplethLayer 是一个局部变量，因此需要将 resetHighlight()函数移动到将 choroplethLayer 添加到地图上的代码之后，即 addTo()方法之后。

最后，在 middleware()函数中完成图例的绘制。代码如下：

```
1.    var legend = L.control({ position: 'bottomright' });
2.    legend.onAdd = function (myMap) {
3.        var div = L.DomUtil.create('div', 'info legend');
4.        var limits = choroplethLayer.options.limits;
5.        var colors = choroplethLayer.options.colors;
6.        var labels = [];
7.        //将最大值、最小值显示在图例上
8.        div.innerHTML = '<div class="labels"><div class="min">' + limits[0] + '</div> \
9.        <div class="max">' + limits[limits.length - 1] + '</div></div>';
10.       //添加颜色块
11.       limits.forEach(function (limit, index) {
12.           labels.push('<li style="background-color: ' + colors[index] + '"></li>');
13.       });
14.       div.innerHTML += '<ul>' + labels.join('') + '</ul>';
15.       return div
16.   };
17.   legend.addTo(myMap);
```

在上面的代码中，choroplethLayer.options.limits 用于获取参与绘制的数值数组，在返回的数组中，第一个数值到最后一个数值按从小到大的顺序排列。choroplethLayer.options.colors 用于获取分级颜色数组，和数值相对应。和 5.1.4 节中的图例略有不同，此处的图例只显示了数值的最小值、最大值，以及所有的分级色块。在把图例添加到地图上后，还需要在 HTML 文档的头部元素中对图例的样式进行设置，此处不再展开介绍，完整的代码请参考本书配套资源中的 5-2.html。利用插件 leaflet-choropleth 绘制的分级统计图如图 5-6 所示，和图 5-5 几乎一样。

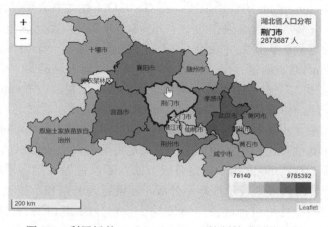

图 5-6　利用插件 leaflet-choropleth 绘制的分级统计图

5.2　分区统计图表法

分区统计图表法是一种以一定区划为单位（通常以行政区划为区划单位），在各个区划内，按其相应的统计数据，绘制不同形式的统计图表，以表示并比较各个区划单位内现象的总和、构成及动态。分区统计图表通常放置在地图上各相应的区划单位内[34]。显然，分区统计图表法除了需要绘制地图，还需要绘制统计图表。Leaflet 并不擅长绘制统计图表，但可以选择其他的统计图表绘制工具来完成这项工作，如第 1 章介绍的 D3.js、ECharts 等。在诸多的统计图表绘制工具中，D3.js 历史悠久，技术较为成熟，已得到了广泛应用，学习资源丰富，因此本书选择 D3.js 作为本节内容的绘制工具，读者也可以选择其他类似的工具来完成统计图表的可视化工作。本节以华中三省（湖北省、湖南省、河南省）的人口、经济专题地图为例，介绍基于 Leaflet 的分区统计图表法，该方法也可用于定位图表法，即用图表的形式反映定位于制图区域某些点上周期性现象的数量特征和变化[34]。

5.2.1　柱状统计图表法

5.2.1.1　数据获取

本节通过阿里云的地图选择器（网址为 http://datav.aliyun.com/tools/atlas/）分别下载不包含子行政区划的湖北省、湖南省、河南省的 GeoJSON 数据，并将其合并为一个 JSON 文件，命名为"华中地区.json"。此外，从 2010 年第六次全国人口普查数据中分别获取湖北省、湖南省、河南省的不同性别的人口数，存储为一个 CSV 文件，命名为"华中人口数.csv"，内容如下：

```
1.  省份,男,女
2.  湖北省,9160741,8767419
3.  河南省,9258578,9072915
4.  湖南省,6437605,6300837
```

将文件"华中地区.json"和"华中人口数.csv"存放到工程的 data 文件夹下。此处需要注意的是，由于该 CSV 文件里面含有中文，因此，在存储时建议选择 UTF-8 编码，否则在使用某些文本编辑器打开该文件时，所有中文将显示为乱码。

5.2.1.2　JavaScript 库下载

和 5.1.6 节一样，本节也通过 L.GeoJSON.AJAX()方法来加载华中三省的 GeoJSON 数据，并设置样式。接下来我们看看如何利用 D3.js 绘制柱状统计图，并将其添加到地图上。

首先，进入 D3.js 官网下载最新版本的 D3.js。截至本章编写时，D3.js 的最新版本号为 6.3.1。在 D3.js 官网下载 d3.zip 压缩包，解压后能看到完整版的 d3.js 和压缩版的 d3.min.js。同前文一样，建议在开发调试时使用完整版的 D3.js，在发布时使用压缩版的 d3.min.js。将 d3.js 文件复制到工程的 JS 文件夹下，在 HTML 文档的头部元素中引用该文件，代码如下：

```
1.  <script src="JS/d3.js"></script>
```

Leaflet 提供了插件 Leaflet.D3SvgOverlay，该插件可以将 D3.js 绘制的统计图表放在 SVG 元素中，作为覆盖图层堆叠到地图上。进入 Leaflet 官网后，单击"Plugins"，找到插件 Leaflet.D3SvgOverlay 后可查看该插件的使用说明和示例，单击插件 Leaflet.D3SvgOverlay 还可以进入该插件的下载页面。由于 D3.js 的版本更新，插件 Leaflet.D3SvgOverlay 的下载页面提供的并不是最新版的 D3.js 库，幸运的是，在该下载页面的问题反馈信息中找到了适用于最新版 D3.js 库的插件 Leaflet.D3SvgOverlay。单击插件 Leaflet.D3SvgOverlay 可进入该插件的下载页面，即可下载插件 Leaflet.D3SvgOverlay 的压缩包文件，并保存到本地（可参考图 3-7）。将压缩包文件解压缩后，在 src 文件夹下的文件夹 Leaflet.D3SvgOverlay 中可以找到文件 L.D3SvgOverlay.js，将该文件复制到工程的 JS 文件夹下，同样在 HTML 文档的头部元素中引用该文件，要注意的是插件 Leaflet.D3SvgOverlay 依赖于 D3.js，因此对 L.D3SvgOverlay.js 的引用需要在 d3.js 的引用之后，代码如下：

```
1.  <script src="JS/L.D3SvgOverlay.js"></script>
```

5.2.1.3　数据整合

根据 1.1.3.6 节对 D3.js 的介绍可知，利用 D3.js 绘制统计图表需要数据的驱动，D3.js 既能够接收由任何类型的数据、字符串或对象组成的数组，也能够轻松加载 JSON（当然也包括 GeoJSON）、CSV 格式的数据文件。在实际应用中的数据往往是分散的，需要整合到一个数组中，才能在 D3.js 中绑定 DOM 元素，实现统计图表的绘制。此外，要想将统计图表放置到地图上，还需为其指定放置的坐标。

本节以"华中人口数.csv"文件为例，首先在加载华中三省的地图后，从"华中人口数.csv"文件中读取各省份不同性别的人口数，同时获取各省份的中心地理坐标，并将这些信息整合到一个数组中，代码如下：

```
1.  var arr=[];                                      //用于存储绑定的数据
2.  geojsonLayer.on('data:loaded',function(data){
3.      geojsonLayer.eachLayer(function (layer){
4.          arr.push({
5.              name: layer.feature.properties.name,     //获取各省份名称
6.              latlng: layer.getBounds().getCenter()    //获取各省份的中心地理坐标
7.          })
8.      });
9.      d3.csv("data/华中人口数.csv",function(d) {        //将"华中人口数.csv"文件中的人口数据写入数组
10.         for (var i =0; i < arr.length; i++) {
11.             if (arr[i].name == d["省份"]) {
12.                 arr[i].male = +d["男"];
13.                 arr[i].female = +d["女"];
14.                 return arr[i];
15.             }
16.         }
17.     }).then(function (data) {
18.         ……
```

```
19.        });
20.    });
```

上面的代码定义了一个数组类型的全局变量 arr，在通过 D3.js 绘制统计图表时会用到该全局变量。由于 L.GeoJSON.AJAX()方法是异步加载 GeoJSON 数据的，因此浏览器在等待数据加载的过程中，其他代码也会正常运行。如果其他代码需要用到正在加载的数据，而此时数据又没有加载完成，则会导致代码运行出错。这里通过 "geojsonLayer.on('data:loaded', function(data){})" 来确保华中三省的 GeoJSON 数据加载完成后，再通过一个匿名回调函数来进行其他操作。正如在上面的代码中，我们将各省份的名称和各省份的中心地理坐标以对象的形式存储到数组 arr 中。

然后通过 d3.csv()方法来读取 "华中人口数.csv" 文件中的数据。在老版本的 D3.js 中，d3.csv()方法可以将 CSV 文件中的所有数据以对象数组的形式返回；但在新版本的 D3.js 中，d3.csv()方法是逐条返回对象的，在后面需要跟一条 "then(function(data) {})" 语句才能获取所有数据，此时才意味着数据加载完成。d3.csv()方法有两个参数：第一个参数用于指定 CSV 文件的存放路径；第二个参数为一个匿名回调函数，当 CSV 文件中的某一条数据加载完毕后执行相关操作。d3.csv()方法也是异步加载数据的，如果需要逐条操作 CSV 文件中的数据，则建议在 d3.csv()方法的回调函数中进行操作；如果要使用 CSV 文件中的所有数据，则建议在 then()方法的回调函数中进行操作。当然，也可以定义一个全局变量，将以上两个回调函数返回的数据值传递出去。在上面的代码中，d3.csv()方法的回调函数通过一个 for 循环语句和 if 条件语句，将 CSV 文件中的各省份男女人口数添加到数组 arr 对应的对象中。需要注意的是，从 CSV 文件中读取的所有值，即使是数字，返回的都是字符串。D3.js 绘制统计图表时需要传递的是数字，因此对于要绘制的统计数据，如男性人口数和女性人口数，需进行格式转换，上面的代码通过一个 "+" 操作符将字符串类型强制转换为数字类型，例如 "+d["男"]"、"+d["女"]"。此外，在 if 条件语句的最后一定要添加 return 语句，这样回调函数才会有返回值，才能对数组 arr 进行修改，才能将男性人口数和女性人口数添加到相应的对象中。至此，数组 arr 中的每个对象原本只存储了各省份的名称和各省份的中心地理坐标，现在还存储了男性人口数和女性人口数，在 Chrome 开发者工具的控制台中输出数组 arr，可以看到整合后的数据，如图 5-7 所示，arr 数组中包含了三个对象，对象的结构清晰可见。

图 5-7　整合后的数据

5.2.1.4　绘制柱状图

在完成数据整合后，就可以利用插件 Leaflet.D3SvgOverlay 和 D3.js 来绘制柱状图了。本节在通过 d3.csv()方法和 then()方法完成数据的整合后，在 then()方法的回调函数中完成了柱状图的绘制。

首先，通过 L.d3SvgOverlay(<function> drawCallback, <options> options?)方法创建了一个覆盖图层，在其回调函数中采用 D3.js 的标准绘图流程（selectAll、data、enter、append）绘制相应图表，通过 addTo()方法将创建的覆盖图层添加到地图上。以绘制男性人口柱状图为例，其代码如下（其中加粗的代码可看出 D3.js 的标准绘图模式）：

```
1.    var barOverlay = L.d3SvgOverlay(function(sel,proj){    //男性人口柱状图
2.        var selRec=sel.selectAll("rect");
3.        var maleBar= selRec.data(arr,function(d){
4.            return d.male;
5.        });
6.        maleBar.enter()
7.        .append("rect")                          //绘制矩形条柱
8.        .attr('x',function(d){                    //指定矩形放置的横坐标
9.            return proj.latLngToLayerPoint(d.latlng).x-15;
10.        })
11.        .attr('y',function(d){                    //指定矩形放置的纵坐标
12.            return proj.latLngToLayerPoint(d.latlng).y-5-d.male/150000;
13.        })
14.        .attr("width",15)                         //设置矩形宽度
15.        .attr("height",function(d){               //设置矩形高度
16.            return d.male/150000;
17.        })
18.        .attr("fill", "#3182bd")                  //设置矩形填充色
19.        .append("title")                          //鼠标提示
20.        .text(function(d) {
21.        return "男性： " + d.male+"人";
22.        });
23. });
24. barOverlay.addTo(myMap);
```

在上面的代码中，L.d3SvgOverlay()方法中除了回调函数，还有一个可选参数，该参数不仅可以在缩放过程中设置是否隐藏覆盖图层，这在 HTML 文档中元素较多或动画滞后时非常有用；还可以在缩放结束后设置是否触发某些操作，如改变元素的尺寸。在 L.d3SvgOverlay()方法的回调函数中，第一个参数（如以上代码中的 sel）用于指定 D3.js 绘制图表所属的父元素，这里将实现 SVG 元素与数据的绑定；第二个参数（如以上代码中的 proj）为一个投影对象，包含了一些用于坐标转换的方法，如地理坐标转屏幕坐标、屏幕坐标转地理坐标等。

接着，在 L.d3SvgOverlay()方法回调函数中使用 D3.js 绘制图表，绘制的标准流程是：通过 selectAll()方法绘制一个空的柱状图→通过 data()方法为空的柱状图绑定一个数组→通过 enter()方法为柱状图占据一个位置→通过 append()方法在 HTML 文档的 DOM 里面添加矩形元素。具体如下：

所谓柱状图，实际上就是矩形。在上面代码的第 2 行，在父元素 sel 中，通过 selectAll()方法返回一个空的柱状图引用。实际上，这是 D3.js 的一个选择器，selectAll()方法选择了所有

同一类元素，其参数可参考 2.2.2.2 节，此时还没有生成柱状图，因此返回的是一个空的引用。

通过 data()方法为柱状图绑定一个数组，由于数组 arr 是由一个个对象组成的，而柱状图需要和具体的数值绑定，因此在 data()方法里面通过一个回调函数，返回数组 arr 中每个对象的男性人口数，这样便可实现男性人口数与柱状图的绑定。代码如下：

```
1.  var maleBar= selRec.data(arr,function(d){
2.      return d.male;
3.  });
```

通过 enter()方法可以为柱状图占据一个位置，返回一个占位符的引用，就像在播种之前先要挖个坑一样。

append()方法好比在 enter()方法挖好的坑中埋下一颗颗种子，这些种子就是我们要绘制的统计图表。以矩形柱状图为例，通过 append()方法在 HTML 文档的 DOM 中添加矩形元素，这些元素将按顺序依次放置在父元素 sel 中。

然后，还需要给这些矩形赋予不同的属性，如高度、宽度、颜色、位置等，这需要借助 attr()方法来设置。attr()方法的参数采用"属性，值"对的形式，这里将矩形的宽度设置为 15 px，高度则根据各省份男性人口数来动态设置（本示例将男性人口数除以 150000 的值作为矩形高度，在具体的应用中可根据实际情况进行调整），将矩形的填充色设置为蓝色。D3.js 通过屏幕坐标（单位为像素）来确定矩形的位置，因此需要将存储在数组 arr 中的地理坐标 latlng（见图 5-7）转换为屏幕坐标，插件 Leaflet.D3SvgOverlay 提供的 latLngToLayerPoint()方法可以实现这一转换过程。反之，如需将屏幕坐标转换为地理坐标，则可通过该插件的 layerPointToLatLng()方法来实现。此时，在 L.d3SvgOverlay()方法的回调函数中，第二个参数 proj 就能派上用场了。需要注意的是，在 SVG 的坐标系中，左上角为坐标系原点（0，0），向右为 x 轴正方向，x 轴的坐标值向右逐渐增大，向下为 y 轴正方向，y 轴坐标值向下逐渐增大，坐标以像素为单位，如图 5-8 所示。因此，在设置矩形的 x 坐标时，只需要将对应省份的中心地理横坐标转换为屏幕横坐标后进行适当调整即可，但在设置矩形的 y 坐标时，则需要将对应省份的中心地理纵坐标转换为屏幕纵坐标之后，再减去矩形的高度后进行适当调整，这样才能保证矩形出现在各省份中心的上方。

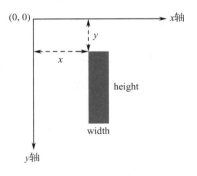

图 5-8　SVG 坐标系示意图

最后，还需要在矩形元素中增加一个 title 元素，该元素在一般情况下不会显示，只有当鼠标光标移动到矩形元素上时才会显示。本示例使用 title 元素显示各个柱状图表示的男性人口数，即绑定数组中每个对象的 male 属性值。

至此，运行代码，可得到华中三省男性人口柱状图，如图 5-9 所示。表示男性人口数的三个柱状图已经放置在三个省份的中心上方，当鼠标光标移动到其中一个柱状图上时，就会显示该柱状图表示的男性人口数。

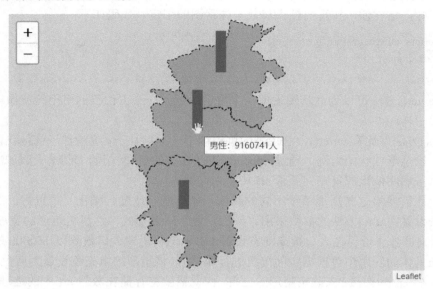

图 5-9　华中三省男性人口柱状图

在 L.d3SvgOverlay()方法的回调函数中采用类似的方法，添加女性人口柱状图，代码如下：

```
1.   var femaleBar=sel.selectAll("rectFemale").data(arr,function(d){
2.       return d.female;                          //改变 selectAll 参数，此处为女性人口数
3.   });
4.   femaleBar.enter()
5.       .append("rect")
6.       .attr('x',function(d){
7.       return proj.latLngToLayerPoint(d.latlng).x+2;   //根据男性人口柱状图的横坐标进行调整，使其位于男性人口柱状图旁边
8.   })
9.   .attr('y',function(d){
10.      return proj.latLngToLayerPoint(d.latlng).y-5-d.female/150000;
11.  })
12.  .attr("width",15)
13.  .attr("height",function(d){
14.      return d.female/150000;                   //由女性人口数来确定矩形高度
15.  })
16.  .attr("fill", "#de2d26")
17.  .append("title")
18.  .text(function(d) {
19.      return "女性：" + d.female+"人";
20.  });
```

绘制女性人口柱状图的代码和绘制男性人口柱状图的代码类似，不同的是，在 selectAll()

方法中传递了不同的参数，这样便于为女性人口柱状图设置不同的样式。此外，将所有数据从 d.male 改为 d.female，用于获取数组 arr 里面各省份女性人口数。在设置矩形横坐标时，需根据男性人口柱状图的横坐标进行适当调整，使其位于男性人口柱状图旁边。将女性人口柱状图的填充色设置为红色。运行代码，可得到华中三省女性人口柱状图，如图 5-10 所示，表示女性人口数的三个红色柱状图已经放置在三个表示男性人口数的蓝色柱状图旁边，当鼠标光标移动到其中一个柱状图上时，就会显示该柱状图表示的女性人口数。

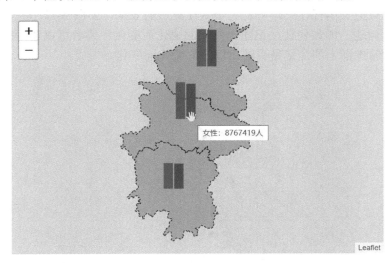

图 5-10　添加女性人口柱状图

5.2.1.5　绘制注记

5.1.3 节介绍了通过 Leaflet 为地图添加注记的方法，本节将介绍如何通过 D3.js 在地图上绘制注记。图 5-10 虽然完成了人口柱状图的绘制，但各省份的行政区划图还缺少注记，本节将存储在数组 arr 内的各省份名称作为注记添加到地图上。

绘制注记的方法和绘制柱状图的方法类似，只需要在 L.d3SvgOverlay() 方法的回调函数中添加以下代码即可。

```
1.  var proName=sel.selectAll("text").data(arr,function(d){
2.      return d.male;
3.  });
4.  proName.enter()
5.  .append("text")                        //绘制文本
6.  .text(function(d){                      //设置文本内容
7.      return d.name;
8.  })
9.  .attr('x',function(d){
10.     return proj.latLngToLayerPoint(d.latlng).x-15;
11. })
12. .attr('y',function(d){
13.     return proj.latLngToLayerPoint(d.latlng).y+10;
```

```
14.  })
15.  .attr('stroke','black');
```

和绘制柱状图不一样的是，在绘制注记时我们绘制的不再是矩形，而是文字，因此需要在 append()方法中传递的参数是 text；此外，还需要通过 text()方法在回调函数中将数组 arr 中每个对象的 name 属性值（见图 5-7）作为文本显示内容，其他代码则与绘制柱状图的代码类似。文字的各种属性可以在代码中设置，上面的代码只是对文字进行了加粗显示，其他属性使用的都是默认值。运行代码，可看到绘制注记后的效果，如图 5-11 所示，在 5.1.3 节的最后提出了一个问题，即如何让注记随比例尺的变化而变化。读者可以在运行以上代码后试着缩放地图，看看地图上的注记是否随比例尺的变化而变化。

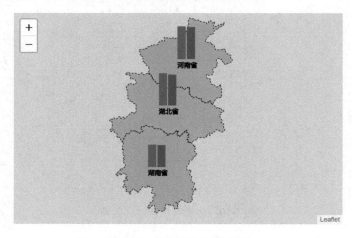

图 5-11　绘制注记后的效果

5.2.1.6　添加图例

本节将在地图上添加一个图例，以便用户可以快速获取柱状图中不同颜色的含义。5.1.4 节介绍了一种添加图例的方法，本节将介绍另一种添加图例的方法。

Leaflet 提供了插件 Leaflet.Legend 可用于覆盖图层的图例显示。

进入 Leaflet 官网后，单击"Plugins"，找到插件 Leaflet.Legend 后可查看该插件的使用说明和示例，单击插件 Leaflet.Legend 还可以进入该插件的下载页面。在插件 Leaflet.Legend 的下载页面下载该插件的压缩包文件，并保存到本地（可参考图 3-7）。将压缩包文件解压缩后，在 src 文件夹下可以看到文件 leaflet.legend.css 和 leaflet.legend.js，分别将这两个文件复制到工程的 CSS 文件夹下和 JS 文件夹下，在 HTML 文档的头部元素中引用这两个文件，代码如下：

```
1.  <link rel="stylesheet" href="CSS/leaflet.legend.css">
2.  <script src="JS/leaflet.legend.js"></script>
```

在 HTML 文档的 JavaScript 代码最后，增加以下代码：

```
1.  L.control.Legend({
2.      position: "bottomright",              //图例位置
3.      title: "图例",
4.      collapsed: false,                     //图例折叠与否
```

```
5.      symbolWidth:30,                    //符号宽度
6.      symbolHeight:30,                   //符号高度
7.      opacity: 0.5,                      //透明度
8.      column: 1,                         //图例列数
9.      legends: [{
10.         label: "男性",
11.         type: "rectangle",            //矩形方块
12.         fillColor: "#3182bd",
13.      },{
14.         label: "女性",
15.         type: "rectangle",
16.         fillColor: "#de2d26",
17.      }
18.      ]
19. }).addTo(myMap);
```

插件 Leaflet.Legend 是通过 L.control.Legend()方法来创建的，该方法通过参数设置，可以改变图例的显示样式。例如，上面的代码设置了图例的位置、标题、是否折叠、透明度、列数，以及图例内符号的类型、尺寸、填充色、注记等。在创建完图例后，通过 addTo()方法即可将创建的图例添加到地图上。完整的代码请参考本书配套资源中的 5-3.html，添加图例后的效果如图 5-12 所示。读者可以进一步调整图例中更多的样式，可参考 2.5.2.2 节介绍的方法尝试检查图例中的各个元素及其属性，并尝试调整图例的样式。

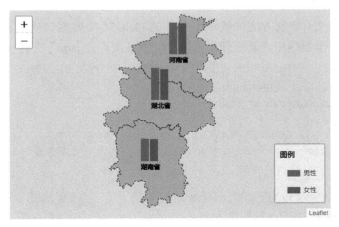

图 5-12　添加图例后的效果

5.2.2　饼状/环状统计图表法

本节使用的 JavaScript 库和 5.2.1 节一样，将 JavaScript 库引用到 HTML 文档的方法也一样，此处不再赘述。

5.2.2.1　数据获取

本节首先从国家统计局国家数据网站获取湖北省、湖南省和河南省在 2019 年的第一产业增加值、第二产业增加值和第三产业增加值，但不再存储为 CSV 文件，而是将这些数据存储

为一个 JSON 文件，并命名为"华中三大产业.json"，代码如下：

```
1.  {
2.    "湖北省":{
3.      "第一产业增加值": 3809.09,
4.      "第二产业增加值": 19098.62,
5.      "第三产业增加值": 22920.60
6.    },
7.    "湖南省":{
8.      "第一产业增加值": 3646.95,
9.      "第二产业增加值": 14946.98,
10.     "第三产业增加值": 21158.19
11.   },
12.   "河南省":{
13.     "第一产业增加值": 4635.40,
14.     "第二产业增加值": 23605.79,
15.     "第三产业增加值": 26018.01
16.   },
17.   "单位":"亿元"
18. }
```

然后将"华中三大产业.json"文件保存到工程的 data 文件夹下。

5.2.2.2　数据整合

本节首先按照 5.2.1 节的方法加载华中三省的 GeoJSON 数据，然后将各省份的名称和中心地理坐标存储到一个数组中，最后开始读取"华中三大产业.json"文件中的数据。代码如下：

```
1.  var arr=[];
2.  geojsonLayer.on('data:loaded',function(data) {
3.      geojsonLayer.eachLayer(function (layer) {
4.          arr.push({
5.              name: layer.feature.properties.name,
6.              latlng: layer.getBounds().getCenter()              //获取各省中心
7.          })
8.      });
9.      d3.json("data/华中三大产业.json").then(function (data) {      //读取 JSON 文件里面的数据
10.         for (var i = 0; i < arr.length; i++) {
11.             for (var key in data) {
12.                 if (arr[i].name == key) {
13.                     arr[i].first = data[key]["第一产业增加值"];
14.                     arr[i].second = data[key]["第二产业增加值"];
15.                     arr[i].third = data[key]["第三产业增加值"];
16.                 }
17.             }
18.         }
19.     });
20. });
```

D3.js 读取 JSON 文件的方法和读取 CSV 文件的方法非常相似，只不过需要用 d3.json()

方法来替换 d3.csv()方法。在上面的代码中，需要向 d3.json()方法传递一个 JSON 文件存储路径作为参数，在其后紧跟着的 then()方法中，从回调函数中获取了 JSON 文件中的数据对象，这里通过两个 for 循环语句，将 JSON 文件中存储的三大产业增加值添加到数组 arr 中，数组 arr 中各省份的相关信息将各自存储为一个对象，每个对象的 first、second、third 属性分别对应第一产业增加值、第二产业增加值、第三产业增加值。在 Chrome 开发者工具的控制台中输出数组 arr，可看到整合后的数据，如图 5-13 所示。

图 5-13　整合后的数据

5.2.2.3　绘制饼状/环状图

在 5.2.2.2 节中的代码中，经过两个 for 循环语句后，即可完成数据的整合。本节在此基础上，开始绘制饼状/环状图。和绘制柱状图一样，饼状/环状图的绘制也需要在 L.d3SvgOverlay()方法的回调函数中进行。

D3.js 是通过 d3.pie()方法来绘制饼状/环状图的，在绘制饼状/环状图时同样需要绑定一个数组。通过 D3.js 绘制饼状/环状图的流程是首先定义一个简单的数组变量，代码如下：

```
1.  var dataset=[ 5, 40, 15, 25, 36, 8 ];
```

接着定义一个 pie()函数，用于绘制饼状/环状图，代码如下：

```
1.  var pie=d3.pie();
```

然后将定义的数组传递给 pie()函数，即 pie(dataset)。在 Chrome 开发者工具的控制台中，可以对比一下 dataset 和 pie(dataset)，如图 5-14 所示。

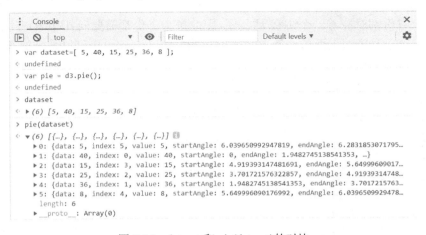

图 5-14　dataset 和 pie(dataset)的对比

从图 5-14 中可以看出，d3.pie()方法将一个简单的数组作为参数输入后，会产生一个新的对象数组，对象数组中的每个对象都对应着原数组中的一个值，而且还产生了一些新的值，如默认按数值大小排序产生的索引序列号 index。每个数值都对应着饼状/环状图的扇形的起始角度（startAngle）和终止角度（endAngle）。不难看出，在利用 D3.js 绘制饼状/环状图时，是按照绑定的数值大小，默认从大到小来绘制扇形的。扇形是通过 d3.arc()方法来绘制的，该方法通过 SVG 的 path 元素来绘制扇形的各边。对于一些不是矩形、圆形或其他简单形状的不规则图形，都可以通过 path 元素进行绘制。作为饼状/环状图的一部分，各个扇形都需要有一个外弧段对应的半径和内弧段对应的半径，如果内弧段对应的半径为 0，则绘制的是饼状图；否则绘制的就是环状图。代码如下：

```
1.   var w = 300;
2.   var h = 300;
3.   var outerRadius = w / 2;
4.   var innerRadius = 0;
5.   var arc = d3.arc()
6.       .innerRadius(innerRadius)
7.       .outerRadius(outerRadius);
```

上面的代码定义了一个 300px×300px 的饼状图，将其外弧段对应的半径设置为 150px，将其内弧段对应的半径设置为 0 px。了解以上知识点之后，再根据华中三省的三大产业增加值来绘制饼状/环状图。

本示例首先声明一个函数，代码如下：

```
1.   var pie=d3.pie();
```

同绘制柱状图一样，本示例接着在 L.d3SvgOverlay()方法的回调函数中通过 D3.js 来绘制饼状/环状图。代码如下：

```
1.   var pieOverlay = L.d3SvgOverlay(function(sel,proj) {
2.       ......
3.   }.addTo(myMap);
```

由于每个省份都对应着一个饼状/环状图，因此每个省份都需要向 d3.pie()方法传递一个数组，这个数组可以是类似上面的由简单数值组成的数组 dataset，也可以是类似 5.2.1.3 节由对象组成的复杂数组。根据图 5-13 所示的数据整合结果，这里只需要把数组 arr 中每个对象的 first、second、third 的属性值提取出来组成简单数组即可，代码如下：

```
1.   var arrBinding=[];                   //绑定饼状/环状图的数组
2.   for(var j=0;j<arr.length;j++){
3.       arrBinding.push(arr[j].first);
4.       arrBinding.push(arr[j].second);
5.       arrBinding.push(arr[j].third);
6.       var sum=arr[j].first+arr[j].second+arr[j].third;
7.       var outerRadius = Math.sqrt(sum/50);
8.       var innerRadius = 20;
9.       var arc = d3.arc()
10.          .innerRadius(innerRadius)
```

```
11.             .outerRadius(outerRadius);
12. }
```

上面的代码通过一个 for 循环将数组 arr 中每个对象的 first、second、third 属性值存储到了一个新数组 arrBinding 中，同时，还计算了三大产业增加值的总和。由于饼状/环状图的面积可以反映三大产业增加值总和的大小，因此上面的代码通过一个开平方方式计算出了饼状/环状图外弧段对应的半径，并将其内弧段对应的半径设置为 20 px，通过 d3.arc()方法绘制出来的就是一个圆环。

然后在绘制饼状/环状图的父元素 sel 中，本示例为每个扇形都创建一个群组元素 g，在上面代码的 for 循环之前，声明一个变量 selArcs，代码如下：

```
1.  var selArcs= sel.selectAll("g.arc");
```

在 for 循环声明 arc 后，添加了以下代码：

```
1.  var arcs = selArcs.data(pie(arrBinding))
2.      .enter()
3.      .append("g")
4.      .attr("class", "arc")
5.      .attr("transform", function (d) {        //饼状图的圆心坐标
6.          return  "translate(" + proj.latLngToLayerPoint(arr[j].latlng).x + "," + proj.latLngToLayerPoint(arr[j].latlng).y + ")"
7.      });
8.  //通过路径绘制弧段
9.  arcs.append("path")
10.     .attr("fill", function(d, i) {
11.         return color(i);                     //设置填充色
12.     })
13.     .attr("d", arc)
14.     //pointer-events 与 leaflet.css 中样式设置冲突，导致鼠标提示失效，故增加以下语句
15.     .attr("style",'pointer-events: visiblepainted');
16.     arcs.append("title")                     //鼠标提示
17.     .text(function(d,i) {
18.     return "第"+(i+1)+"产业增加值："+d.value+data["单位"];
19. });
20. arrBinding=[];
```

以上代码仍然采用 D3.js 的标准绘图流程（selectAll、data、enter、append）来绘制饼状/环状图。和绘制柱状图不同的是，在绘制饼状/环状图时，绑定数据的 data()方法中传递的是提前声明的一个函数 pie()，该函数通过 d3.pie()方法将传递进来的数组转换成绘制饼状/环状图时可接收的数组形式（见图 5-13）。此外，在绘制饼状/环状图时，还需要确定圆心的坐标，上面的代码先通过插件 Leaflet.D3SvgOverlay 提供的 latLngToLayerPoint()方法将数组 arr 中存储的各个省份中心地理坐标转换为屏幕坐标，再利用 translate()方法实现屏幕坐标到 SVG 用户坐标的转换，最后将转换后的坐标赋予 transform 属性，至此，我们在一个名为 arcs 的变量中保存了每个新创建的群组元素 g 的引用。

最后，本示例在每个群组 g 元素中附加了一个路径元素 path 和一个用于鼠标提示的 title

元素。path 元素的路径描述是在其属性 d 中定义的，上面的代码传递了一个 arc 参数，该参数就是之前定义好的扇形轮廓（路径）生成函数，基于群组元素 g 绑定好的数据，通过 d3.arc() 方法来绘制路径。在调用函数时往往使用函数名加括号的形式，如 arc()，但在本示例中，读者可能会注意到，我们没有按常规方法去调用一个函数，而是直接将函数名 arc 作为一个参数传递给 attr()，attr() 方法设置了一个 d 属性，其值为 arc() 函数的结果。当以这种方式将函数名指定为参数时，D3.js 会自动传递数据和索引值，无须显式地传递给 attr() 方法，因此下面的代码：

```
1.   .attr("d", arc);
```

等同于

```
1.   .attr("d", function(d, i) {
2.       return arc(d, i);
3.   });
```

除了绘制路径，还需要为每个扇形指定填充色，本示例的代码中调用了一个颜色函数，在使用 L.d3SvgOverlay() 方法声明变量 pieOverlay 之前对该颜色函数进行了定义，代码如下：

```
1.   var color = d3.scaleOrdinal(d3.schemeCategory10);
```

D3.js 提供了很多方法来产生不同的颜色方案，这些连续的、离散的或分类的颜色方案大多是基于 Colorbrewer 网站（见图 5-1）的，读者可在 Observable 官网的 d3-scale-chromatic 中看到更多的具体示例（D3.js 的颜色方案如图 5-15 所示），这些颜色方案为数据可视化提供了极大的便利。

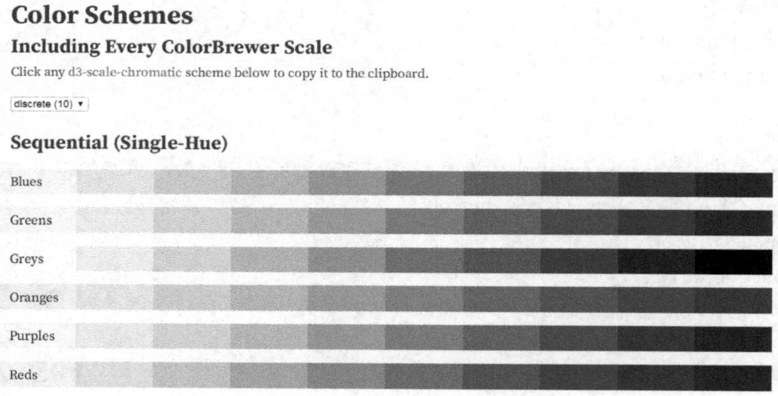

图 5-15　D3.js 的颜色方案

在上面的代码中，d3.schemeCategory10 是一个由 10 种不同颜色组成的数组，读者可以在 Chrome 开发者工具的控制台中输入 d3.schemeCategory10 查看具体的颜色组成。本示例将 d3.schemeCategory10 提供给 d3.scaleOrdinal()，这样就可以通过序号来快速获取 10 种颜色。

由于 D3.js 中设置的 pointer-events 与 leaflet.css 中设置的样式有冲突，从而可能会导致鼠标提示失效，因此，本示例还为路径元素 path 添加了一个样式属性，将其 pointer-events 的值设置为 visiblepainted，这样在为每个群组元素 g 中添加用于鼠标提示的 title 元素时，当鼠标光标移动到群组元素 g 上后才能正常显示对应的提示文字，其中 d.value 是函数 pie() 绑定数组

arrBinding 之后产生的值，类似于图 5-14 中的 value。前文已有关于 title 元素的表述，此处不再赘述。

　　到此为止，本示例已完成了饼状/环状图的绘制，但需要注意的是，代码最后的 "arrBinding=[];" 是必不可少的，因为每次只为其中一个省份绘制饼状/环状图，当绘制完一个省份的饼状/环状图后，再为另一个省份绘制饼状/环状图，就需要为群组元素 g 绑定新的数组，因此必须将数组变量 arrBinding 清空后才能再次存储其他省份的数据，否则几个省份的数据将会累积到同一数组中，导致绘制失败。

　　同绘制柱状图一样，本示例在地图上为各个省份添加注记，为绘制好的饼状/环状图添加一个图例，方法与 5.2.1.5 节和 5.2.1.6 节介绍的方法相同，此处不再赘述。完整的代码请参考本书配套资源中的 5-4.html，运行后可看到环状统计图，如图 5-16 所示。本示例将"图例"两个字居中显示，读者可以思考一下是如何实现的。另外，读者还可以尝试将生成的环状图改为饼状图。

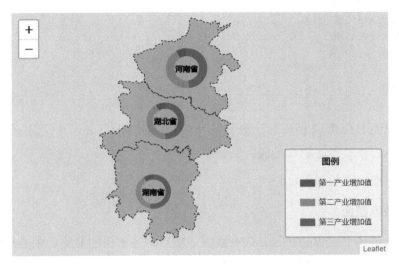

图 5-16　环状统计图

5.2.3　折线统计图表法

　　本节使用的 JavaScript 库和 5.2.1 节一样，将 JavaScript 库引用到 HTML 文档的方法也一样，此处不再赘述。

5.2.3.1　数据获取

　　本节首先从国家统计局国家数据网站获取湖北省、湖南省和河南省在 2015 年到 2019 年的 GDP，但不再存储为 CSV 文件和 JSON 文件，而是像 5.1.1 节那样存储为一个对象 hzGDP，并单独存储在一个 JavaScript 文件中，命名为"华中 GDP.js"，代码如下：

```
1.  var hzGDP={
2.      湖北省: {
3.          2015: 29550.19,
```

```
4.          2016: 32665.38,
5.          2017: 35478.09,
6.          2018: 42021.95,
7.          2019: 45828.31
8.      },
9.      湖南省:{
10.         2015: 28902.21,
11.         2016: 31551.37,
12.         2017: 33902.96,
13.         2018: 36329.68,
14.         2019: 39752.12
15.     },
16.     河南省:{
17.         2015: 37002.16,
18.         2016: 40471.79,
19.         2017: 44552.83,
20.         2018: 49935.90,
21.         2019: 54259.20
22.     },
23.     单位: "亿元"
24. }
```

然后在新建的 HTML 文档头部元素中引用"华中 GDP.js"文件，代码如下：

```
1.  <script src="data/华中 GDP.js"></script>
```

这样便可完成数据的导入。

5.2.3.2 数据整合

本节首先加载华中三省的 GeoJSON 数据，然后将各省份的名称、中心地理坐标，以及 2015 年到 2019 年的 GDP 存储到一个数组中，其中，各省份的 GDP 从对象 hzGDP 中获取，并返回一个对象，代码如下：

```
1.  var arr=[];
2.  geojsonLayer.on('data:loaded',function(data){
3.      geojsonLayer.eachLayer(function (layer){
4.          arr.push({
5.              name: layer.feature.properties.name,  //省份名称
6.              latlng: layer.getBounds().getCenter(), //获取各省份的中心地理坐标，作为注记和图表的锚点
7.              gdp:hzGDP[layer.feature.properties.name],//各省份的 GDP
8.          })
9.      });
10. });
```

在 Chrome 开发者工具的控制台中输出以上数组 arr，可以看到整合后的数据，如图 5-17 所示。

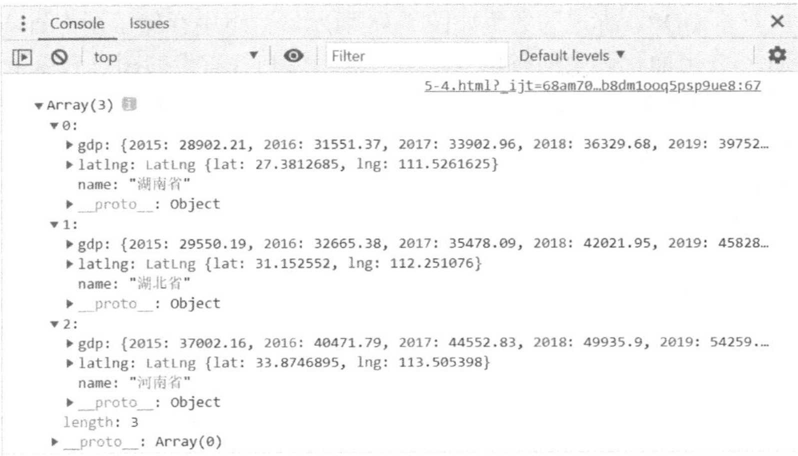

图 5-17　整合后的数据

5.2.3.3　绘制折线图

和柱状统计图、饼状/环状图一样，折线图的绘制仍需要在 L.d3SvgOverlay()方法的回调函数中进行。本节将要绘制的折线图由 x 轴、y 轴、折线和散点组成。根据 SVG 的渲染顺序，后绘制的元素将压盖先前绘制的元素，因此本节先绘制坐标轴，再绘制折线，最后绘制散点。

1）绑定数组

在数据整合过程中，为数组 arr 赋值后，通过 L.d3SvgOverlay()方法创建一个覆盖图层，在其回调函数中为每个省份绑定一个数组，基于不同年份的各省份 GDP 分别绘制坐标轴、折线图和散点图。为此，和 5.2.2 节一样，本节新定义一个数组 arrBinding，通过一个 for 循环遍历各省份的数据（读者也可以尝试将 5.2.3.2 节对应的代码放在此处来替换 for 循环），逐个绘制坐标轴、折线图和散点图，代码如下：

```
1.   var lineOverlay = L.d3SvgOverlay(function(sel,proj) {
2.       var arrBinding=[];                    //折线图绑定数据
3.       for(var j=0;j<arr.length;j++){
4.           var gdp=arr[j].gdp;
5.           for(key in gdp){
6.               arrBinding.push({
7.                   year: key,
8.                   gdp: gdp[key]
9.               })
10.          }
11.          ……;
12.          arrBinding=[];
13.      }
14.  });
15.  lineOverlay.addTo(myMap);
```

在绘制每个省份的图表时，数组 arrBinding 中存储了 5 个对象，每个对象记录了不同年份的信息和对应年份 GDP。绑定的数组如图 5-18 所示，数组中存储了湖南省 2015 年到 2019 年的 GDP。至此，在上面代码中的省略号处即可开始绘制各省份的图表（以下绘制坐标轴、折线图、散点图对应的代码均放置在此处），在 for 循环的最后一定要记得将数组 arrBingding 清空，否则各省份的数据将累计在数组中，导致绘制的不是某一个省份的图表。

图 5-18　绑定数组

2）绘制坐标轴

从数组 arr 中获取各个省份的中心地理坐标，通过 latLngToLayerPoint()方法将其转换为屏幕坐标，在此基础上适当调整，将调整后的屏幕坐标作为整个图表的坐标原点，代码如下：

```
1.  var px= proj.latLngToLayerPoint(arr[j].latlng).x-30;
2.  var py= proj.latLngToLayerPoint(arr[j].latlng).y+20;
```

和柱状图、饼状/环状图不一样，可以将折线图看成是由一系列的散点连接而成的，折线图的长度和宽度需要人为指定，其绑定数组的各个数值需要根据一定的映射关系映射到 x 轴和 y 轴上，这样才能确定其在父元素 SVG 上的点位。为此定义两个变量，用于分别指定坐标轴的宽度和高度，即整个折线图的宽度和高度。至于映射关系，D3.js 提供了很多种，如线性关系（scaleLinear）、开方关系（scaleSqrt）、指数关系（scalePow）、对数关系（scaleLog）、时间关系（scaleTime）等。以线性关系为例，只需要指定一个输入的数值范围（一般是指待绘制的真实数值范围）和一个输出的数值范围（一般是指待绘制的屏幕范围大小），D3.js 将自动建立两个数值范围内的数与数之间的线性关系。代码如下：

```
1.  var w=100,h=70;              //用于指定坐标轴的宽度和高度
2.  var xScale = d3.scaleLinear()
3.      .domain([d3.min(arrBinding,function (d) {
4.      return d.year;
5.  }), d3.max(arrBinding, function(d) {
6.      return d.year;
7.  })])
8.      .range([0, w]);
9.  var yScale = d3.scaleLinear()
10.     .domain([0, 60000])
11.     .range([h, 0]);
```

其中，d3.scaleLinear()方法告诉浏览器这是一种线性关系，domain()方法用于指定输入的数值范围，x 轴用于显示年份，以上代码通过 d3.min()方法和 d3.max()方法分别从数组 arrBinding 各个对象的 year 属性中获取最小值和最大值，由此组成了一个数值范围，这个范

围是一个数组；y 轴用于显示各省份的 GDP，这里直接用[0,60000]这个数组作为输入的数值范围，华中三省中各省份的 GDP，最大也没有超过 55000 亿元，为了显示得工整，选择 60000 作为上限值。range()方法用于将 domain()方法输入的数值范围按线性关系映射到屏幕上的指定像素范围内，对于 x 轴，我们设定的范围为[0, w]，其中 w 是指定的图表宽度；对于 y 轴，由于 SVG 有如图 5-8 所示的坐标系统，和我们对坐标的认知正好相反，只需要将其范围反转过来设置为[h, 0]，其中 h 是指定的图表高度，这样 D3.js 就会自动将最小的数值绘制在 SVG 坐标系统的最下方，而将最大的数值绘制在 SVG 坐标系统的最上方，读者可以试试将其改为[0，h]，看看最后会绘制成什么样子。

利用 D3.js 提供的坐标轴构造函数来创建坐标轴。D3.js 提供了四个不同的坐标轴构造函数，即 d3.axisTop()、d3.axisBottom()、d3.axisLeft()和 d3.axisRight()，每一个坐标轴构造函数都对应不同的坐标刻度方向与位置，其中，前两个坐标轴构造函数用于创建水平方向的坐标轴，后两个坐标轴构造函数用于创建垂直方向的坐标轴。例如，下面的代码分别创建了一个位于下方的 x 轴和位于左侧的 y 轴。

```
1.  var xAxis = d3.axisBottom();
2.  var yAxis = d3.axisLeft();
```

在此基础上，还得至少为两个坐标轴指定数据的映射关系，代码如下：

```
1.  xAxis.scale(xScale);
2.  yAxis.scale(yScale);
```

其中，xScale 和 yScale 是上文已定义好的线性关系函数。当然，以上代码还可以合并为：

```
1.  var xAxis = d3.axisBottom()
2.                  .scale(xScale);
3.  var yAxis = d3.axisLeft()
4.                  .scale(yScale);
```

上面的代码还可以进一步简化为：

```
1.  var xAxis = d3.axisBottom(xScale);
2.  var yAxis = d3.axisLeft(yScale);
```

尽管如此，本书还是建议合并后使用上一种更具层次感的代码书写格式。接下来为坐标轴指定刻度数量、刻度文字格式等，代码如下：

```
1.  var xAxis = d3.axisBottom()
2.      .scale(xScale)
3.      .ticks(5)                           //刻度数量
4.      .tickFormat(d3.format("d"));        //去掉千分位的逗号
5.  var yAxis = d3.axisLeft()
6.      .scale(yScale)
7.      .ticks(3);                          //刻度数量
```

将创建好的坐标轴需要放到 SVG 元素里面。还记得 L.d3SvgOverlay()方法的回调函数中的第一个参数 sel 吗？这里绘制的所有元素就放在 sel 这个 SVG 父元素中，因此只需要将创建的坐标轴放进去即可，代码如下：

```
1.  sel.append("g")
2.      .attr("class", "axis")
3.      .attr("transform", "translate(" + px + "," + py + ")")
4.      .call(xAxis);                    //x 轴
5.  sel.append("g")
6.      .attr("class", "axis")
7.      .attr("transform", "translate(" + px + "," + (py-h) + ")")
8.      .call(yAxis);                    //y 轴
```

由于坐标轴是由轴线、刻度线、刻度文字组成的，上面的代码中添加了一个群组元素 g，分别将 x 轴、y 轴上的各个组成部分群组在一起。在上文绘制饼状/环状图的过程中，我们已经碰到过群组元素 g。群组元素 g 的主要作用是为了方便 HTML 文档中元素的组织与管理。例如，上面的代码给两个群组元素都赋予了类名 axis，这样就可以在样式中统一设置显示 x 轴和 y 轴的显示样式。两个群组元素分别通过设置 transform 属性，采用 translate()方法进行了屏幕坐标的平移，使坐标原点能够位于本节一开始声明的（px，py）处。需要注意的是，y 轴的坐标平移仍需考虑 SVG 的坐标系统特点，将 py 改为 py-h。最后还必须通过 call()方法来访问坐标轴构造函数，这样才能完成两个坐标轴的绘制。运行代码，可看到绘制的坐标轴，如图 5-19 所示，不同省份采用统一的坐标系统，这样便于比较各省份 GDP 的差异。

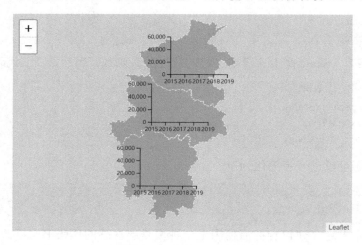

图 5-19　绘制的坐标轴

3）绘制折线图

除了坐标轴构造函数，D3.js 还提供了线段构造函数 d3.line()。在绘制折线图时，必须指定构成折线的各个散点对应的 x 轴和 y 轴坐标值，代码如下：

```
1.  var line = d3.line()
2.      .x(function(d) {
3.      return xScale(d.year);
4.  })
5.      .y(function(d) {
6.      return yScale(d.gdp);
7.  });
```

　　在上面的代码中，我们通过调用 xScale()方法就可以将绑定数据对象中的年份映射到 x 轴上，从而获得各点在 x 轴上的坐标值。同样，我们也可以通过 yScale()方法将绑定数据对象中的各省份 GDP 映射到 y 轴上，从而获得各点在 y 轴上的坐标值，这样，折线构造函数就可以知道每个点应该放置在坐标系的哪个地方。D3.js 会自动遍历绑定数组，将这些散点连接起来便可形成折线。

　　接下来，我们在 SVG 元素 sel 中添加一个新的 path 元素，代码如下：

```
1.  sel.append("path")
2.      .datum(arrBinding)
3.      .attr("transform", "translate(" + px + "," + (py-h) + ")")
4.      .attr("fill", "none")
5.      .attr("stroke", "blue")
6.      .attr("stroke-width", 3)
7.      .attr("stroke-linejoin", "round")
8.      .attr("stroke-linecap", "round")
9.      .attr("d", line);
```

　　大家可能会注意到，我们在绘制折线图时并没有采用 selectAll、data、enter、append 这种 D3.js 标准绘图流程。在绘制柱状图、饼状/环状图时，每一个条形柱或扇形都对应一个数值，但折线图中，每一条折线要对应很多的数值，也就是说，条形柱的个数、饼状/环状图由多少个扇形组成，需要根据数值的多少来定。之所以可以跳过 selectAll、data、enter、append 这一标准绘图流程，是因为已经知道不论数值有多少个，都只需要绘制一条折线。我们使用了 2015 年到 2019 年的各省份 GDP，将其表现为一条折线，如果使用更多年份的各省份 GDP，仍然是通过一条折线来表现的。前文使用 data()方法将数组中不同的数值绑定到不同的元素上，上面的代码则使用 datum()来将整个数组绑定到一个新创建的 path 元素上。将整个数组绑定到 path 元素上后，不仅需要通过设置 transform 属性来进行坐标转换；也需要设置折线的若干显示样式，如颜色、线宽、线头形状等；还需要设置 d 属性，将以上线段构造函数 line()作为参数传递进去。由于创建的 path 元素已经绑定了数组 arrBinding，线段构造函数 line()先从中获取对应数值，计算各个散点的坐标，再将各个散点连接起来形成折线。运行代码，可看到绘制的折线图，如图 5-20 所示。

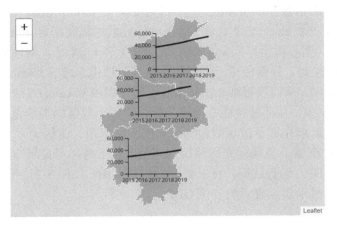

图 5-20　绘制的折线图

4）绘制散点图

虽然折线是由若干个散点连接而成的，但这些散点并没有显示出来。本节将这些散点绘制出来，当鼠标光标放在这些散点上时，可以显示该散点对应的数值。

绘制散点图的方法可采用 D3.js 标准绘图流程 selectAll、data、enter、append，代码如下：

```
1.  var selCircles=sel.append("g").selectAll("g.circle");
2.  var circleGroup=selCircles.data(arrBinding)
3.      .enter()
4.      .append("g")
5.      .attr("class", "circle")
6.      .attr("transform", function (d) {              //饼状图的圆心坐标
7.      return "translate(" + px + "," + (py-h) + ")"
8.  });
9.  circleGroup.append("circle")
10.     .attr("cx", function(d) {
11.         return xScale(d.year);
12.     })
13.     .attr("cy", function(d) {
14.         return yScale(d.gdp);
15.     })
16.     .attr("r", 3)                                  //设置散点大小
17.     .attr("fill","red");                           //设置散点颜色
18. circleGroup.append("title")                        //鼠标提示
19.     .text(function(d,i) {
20.     return d.gdp+hzGDP["单位"];
21. });
```

为便于组织与管理，我们将每个省份的所有散点放在一个群组里面，因此上面的代码首先在 SVG 元素 sel 中增加了一个群组元素 g；接着通过 selectAll()方法选择群组元素 g 中类名为 circle 的所有元素，此时，这些 circle 元素尚未创建；然后通过 data()方法绑定数组 arrBinding，通过 enter()方法和 append()方法创建一个新的群组元素 g，设置类名为 circle，用于存放每个散点及其鼠标提示，通过设置 transform 属性将类名为 circle 的群组元素 g 的坐标转换到上文设置的坐标系统中。所谓散点，实际上是一个个小圆，即 circle 元素，因此要在类名为 circle 的群组元素 g 中添加一个 circle 元素，在绘制 circle 元素时需要指定其圆心坐标和半径大小。D3.js 是通过设置 cx（圆心横坐标）、cy（圆心纵坐标）和 r（半径）属性来绘制散点的，上面的代码在设置 cx 和 cy 时，分别传递一个函数作为其属性值，通过 xScale()方法将绑定数据对象中的年份映射到 x 轴，从而获得圆心的横坐标；通过调用 yScale()方法将绑定数据对象中的各省份 GDP 映射到 y 轴，从而获得圆心的纵坐标。将各个散点的半径设置为 3 px，并将其填充色设置为红色，至此就完成了散点的绘制。和绘制柱状图、饼状/环状图一样，在绘制散点图时增加了一个 title 元素，当鼠标光标移动到某个散点上时，可显示该散点的提示信息，即某年份对应的省份 GDP。运行代码，可看到绘制的散点图，如图 5-21 所示，当鼠标光标移动到某个散点上时，将显示该点表示的省份 GDP。

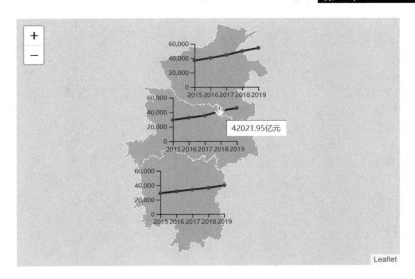

图 5-21　绘制的散点图

5）添加注记和图例

在绘制完坐标轴、折线图和散点图后，往往还需要在地图上添加注记和图例。在添加注记时，不必通过 for 循环遍历数组 arr 而逐个为各省份进行添加注记，只需要上文省略号所在的 for 循环（见绘制折线图的绑定数据部分）之外，采用和 5.2.1.5 节介绍的方法一样添加注记即可，但需要注意的是，必须在 for 循环之前提前声明以下变量：

```
1.   var selTxt=sel.selectAll("text");
```

在 for 循环之后按照 D3.js 的标准绘图流程添加 data、enter、append，代码如下：

```
1.   var proName = selTxt.data(arr);
2.   proName.enter()
3.       .append("text")                          //绘制文本
4.       .text(function (d) {                      //设置文本内容
5.       return d.name;
6.   })
7.       .attr('x', function (d) {
8.       return proj.latLngToLayerPoint(d.latlng).x;
9.   })
10.      .attr('y', function (d) {
11.      return proj.latLngToLayerPoint(d.latlng).y;
12.  })
13.      .attr('stroke', 'black');                 //加粗
```

在绘制坐标轴时会产生很多的刻度文字，这些都是 text 元素。如果将 selTxt 的声明放在 for 循环之后，也就是放在绘制坐标轴刻度文字之后，selectAll("text")将会选中这些刻度文字，从而对注记造成影响。

在将绘制的覆盖图层 lineOverlay 添加到地图上后，还需要为地图添加图例，方法同 5.2.1.6 节的方法一样，只需要将图例内的符号类别由矩形改为折线即可，代码如下：

```
1.  L.control.Legend({
2.      position: "bottomright",              //图例位置
3.      title: "图例",
4.      collapsed: false,                     //图例折叠与否
5.      symbolWidth:30,                       //符号宽度
6.      symbolHeight:30,                      //符号高度
7.      opacity: 0.5,                         //透明度
8.      column: 1,                            //图例列数
9.      legends: [{
10.         label: "GDP",
11.         type: "polyline",                 //短线
12.         color: 'blue',
13.         weight:6,
14.     }]
15. }).addTo(myMap);
```

至此，就完成了一个完整折线统计图的绘制，完整的代码请参考本书配套资源中的 5-5.html，运行后的效果如图 5-22 所示。

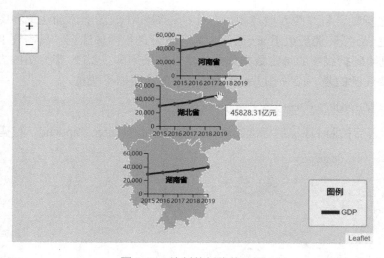

图 5-22　绘制的折线统计图

5.3　热力图

热力图通过使用不同的颜色来表示呈点状分布的不同事物或现象的聚集程度，最常见的热力图颜色为彩虹色系，即蓝色–绿色–黄色–红色，对应表示聚集程度由低到高的变化。本节以全球地震分布图为例，介绍如何使用 Leaflet 来制作热力图。

5.3.1　获取数据

本节选择天地图地图作为背景地图，详细过程在之前的章节中都有表述，此处不再赘述。

全球地震数据来源于美国地质勘探局（United States Geological Survey，USGS）官网，USGS 官网提供了每分钟更新一次的全球在线实时地震 GeoJSON 数据，并对提供的 GeoJSON 数据结构有详细说明。USGS 提供了过去 1 个小时、过去 1 天、过去 7 天和过去 30 天的全球地震数据，本节用热力图展示过去 30 天的全球地震数据，该数据既可以在线访问，访问地址为 https://earthquake.usgs.gov/earthquakes/feed/v1.0/summary/all_month.geojson，也可以下载后离线使用。由于 USGS 官网是国外网站，访问速度稍慢，为演示方便，本节将该数据下载后离线使用，下载的数据为 2020 年 12 月 20 日前一个月的全球地震数据，将其命名为 all_month_20201220.geojson，并存储到工程的 data 文件夹下。

5.3.2　获取插件

Leaflet 提供了很多可以用于制作热力图的插件，进入 Leaflet 官网后，单击"Plugins"，可以找到如图 5-23 所示的热力图制作插件。

Plugin	Description	Maintainer
MaskCanvas	Canvas layer that can be used to visualize coverage.	Dominik Moritz
HeatCanvas	Simple heatmap api based on HTML5 canvas.	Sun Ning
heatmap.js	JavaScript Library for HTML5 canvas based heatmaps. Its Leaflet layer implementation supports large datasets because it is tile based and uses a quadtree index to store the data.	Patrick Wied
Leaflet divHeatmap	Lightweight and versatile heatmap layer based on CSS3 and divIcons	Daniele Piccone
WebGL Heatmap	High performance Javascript heatmap plugin using WebGL.	Benjamin | DeLong
Leaflet.heat	A tiny, simple and fast Leaflet heatmap plugin. Uses simpleheat under the hood, additionally clustering points into a grid for performance. (Demo)	Vladimir Agafonkin
Leaflet-Solr-Heatmap	A Leaflet plugin for rendering heatmaps and clusters from Solr's Heatmap Faceting. High performance for millions of points or polygons.	Jack Reed / Steve McDonald

图 5-23　Leaflet 的热力图制作插件

本节将通过插件 heatmap.js 来制作热力图。从该插件的描述可以看出，heatmap.js 是一个用于在网页上生成热力图的 JavaScript 库。单击插件 heatmap.js 可进入该插件的官网，从中可以详细查看该插件的使用说明和示例，同时还提供了该插件在 GitHub 上的下载链接，建议读者下载 heatmap.js 的最新版本，下载方法是：在插件 heatmap.js 的官网中单击"github"可进入该插件的下载页面，单击下载页面左上角的"heatmap.js"，在弹出的页面中"Releases"下可看到最新版本的 heatmap.js，即"heatmap.js 2.0.5"，单击"heatmap.js 2.0.5"即可下载该插件的压缩包。将压缩包解压缩后，可以在 build 文件夹下看到两个文件 heatmap.js 和 heatmap.min.js，二者的区别想必大家都已了解；此外，在 plugins 文件夹下可以找到 heatmap.js 支持的所有插件包，从 leaflet-heatmap 中可以找到 Leaflet 热力图插件库 leaflet-heatmap.js。将 heatmap.js 和 leaflet-heatmap.js 复制到工程的 JS 文件夹下，并在新建的 HTML 文档中按先后顺序在头部元素中引用这两个文件，代码如下：

```
1.  <script src="JS/heatmap.js"></script>
2.  <script src="JS/leaflet-heatmap.js"></script>
```

5.3.3　绘制热力图

本节开始绘制热力图，首先在 HTML 文档中完成天地图地图的常规地图图层和对应注记图层的加载，然后加载全球地震数据。本节仍然通过前文介绍的插件 Leaflet-Ajax 来加载数据，但不是通过 addTo()方法将这些数据显示在地图上的，因为本节只需要这些数据中各点的经纬度和地震震级信息。由于 L.GeoJSON.AJAX()方法是异步加载数据的，所以将热力图的绘制放在加载完所有的数据后进行，即以下代码的省略号处。

```
1.  var geojsonLayer = new L.GeoJSON.AJAX("data/all_month_20201220.geojson");
2.  geojsonLayer.on('data:loaded',function(data) {
3.      ……;                              //绘制热力图
4.  };
```

如果需要实时显示全球地震数据，则可将 L.GeoJSON.AJAX()的参数换成 USGS 共享的地震数据网址（https://earthquake.usgs.gov/earthquakes/feed/v1.0/summary/all_month.geojson）。根据插件 heatmap.js 提供的示例，在绘制热力图时，需要准备一个类似如下结构的对象变量，用于传递绘制热力图的数据信息。

```
1.  var testData = {
2.      max: 8,
3.      min:0,
4.      data: [{lat: 24.6408, lng:46.7728, count: 3},{lat: 50.75, lng:-1.55, count: 1}, …]
5.  };
```

在上面的代码中，data 属性对应一个数组，用于存储各点的纬度（lat）、经度（lng）和属性值（count）；min 属性和 max 属性分别指定了以上属性值的最小值和最大值，用于设置热力图的下限值和上限值，便于在绘制热力图时采用一种渐变混合的插值方法确定不同颜色代表的属性值。在实际应用中，不一定非得指定 min 属性和 max 属性，例如，leaflet-heatmap.js 的实例代码（https://www.patrick-wied.at/static/heatmapjs/example-heatmap-leaflet.html）中便省去了 min 属性，插件 heatmap.js 会使用默认值。

从 USGS 官网的地震数据中提取用于绘制热力图的数据信息后，仿造 leaflet-heatmap.js 提供的示例构建一个类似上面结构的对象变量，代码如下：

```
1.  var arr=[];
2.  geojsonLayer.eachLayer(function (layer) {
3.      arr.push({
4.          lat: layer.getLatLng().lat,            //纬度
5.          lng: layer.getLatLng().lng,            //经度
6.          mag:layer.feature.properties.mag,      //震级
7.      })
8.  });
9.  var dMax=d3.max(arr,function (d) {            //获取最大地震震级
10.     return d.mag;
```

```
11. });
12. var dMin=d3.min(arr,function (d) {          //获取最小地震震级
13.     return d.mag;
14. });
15. var earthquakeData={                        //按照 heatmap.js 支持的数据格式存储
16.     max:dMax,
17.     min: 0,
18.     data:arr,
19. }
```

在上面的代码中，首先定义了一个数组 arr，从 USGS 官网的 GeoJSON 数据中获取各点的纬度、经度和地震震级信息，以对象的形式存储在数组 arr 中；然后利用 D3.js 提供的 d3.max()方法和 d3.min()方法，分别从数组 arr 中获取过去 30 天的最大地震震级和最小地震震级，在使用 D3.js 提供的方法时，需要在头部元素里面引用 d3.js 库；最后将数组 arr 和最大地震震级、最小地震震级按照 leaflet-heatmap.js 支持的数据格式存储为一个新的对象变量 earthquakeData。由于 USGS 官网提供的地震数据中存在震级小于 0 的错误数据，因此在此处将最小地震震级设置为 0。

热力图的样式配置代码如下：

```
1.  var cfg = {                        //热力图配置
2.      "radius": 2,                   //热力点半径
3.      "maxOpacity": .8,              //最大不透明度
4.      "scaleRadius": true,           //随着地图缩放而缩放
5.      "useLocalExtrema": true,       //是否使用局部极值
6.      latField: 'lat',               //对应数组 arr 中的 lat，纬度
7.      lngField: 'lng',               //对应数组 arr 中的 lng，经度
8.      valueField: 'mag'              //对应数组 arr 中的 mag，地震震级
9.  };
```

在上面的代码中，radius 用于设置热力点的半径；maxOpacity 用于设置最大不透明度，当然，还可以通过 minOpacity 设置最小不透明度；scaleRadius 用于设置热力点半径是否随地图缩放而缩放；useLocalExtrema 用于设置热力值是否使用当前显示地图范围内的极值，如果设置为 false 则使用所有数据中的极值（如上述代码中的 dMax），如果设置为 true 则使用当前地图范围内的最大值。当 earthquakeData 对象不指定 max 属性和 min 属性时，如果将 useLocalExtrema 设置为 false，则所有的热力范围中心都会出现一个红点；如果将 useLocalExtrema 设置为 true，则不一定会出现红点。热力图样式配置项的最后三个属性 latField、lngField 和 valueField 分别用于指定各点纬度、经度和地震震级在对象数组中的数据项。

通过 HeatmapOverlay()方法定义一个热力图覆盖图层，通过 setData()方法指定绘制的数据，通过 addTo()方法将该覆盖图层添加到地图上，即可完成热力图的绘制。代码如下：

```
1.  var heatmapLayer = new HeatmapOverlay(cfg);
2.  heatmapLayer.setData(earthquakeData);
3.  heatmapLayer.addTo(myMap);
```

代码运行后，可看到绘制的热力图，如图 5-24 所示。

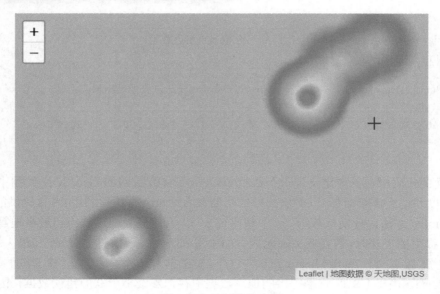

图 5-24　绘制的热力图

5.3.4　鼠标提示

从图 5-24 可以看出过去 30 天（本示例是 2020 年 11 月 20 日到 2020 年 12 月 20 日）全球地震的分布情况，但无法获得具体的地震震级，因此本节在热力图上添加鼠标提示，完成鼠标提示的添加后，当用户将鼠标光标移动到热力图上时，将提示鼠标光标所在处的地震震级。

在 Chrome 开发者工具中查看图 5-24 对应的 HTML 文档上的各个元素，会发现热力图实际上绘制在一个类名为 heatmap-canvas 的 canvas 元素上，我们可以为该元素添加两个鼠标事件，即 onmousemove 事件和 onmouseout 事件。当鼠标光标移动到该元素之上时触发 onmousemove 事件，显示鼠标提示；当鼠标光标离开该元素时触发 onmouseout 事件，隐藏鼠标提示。代码如下：

```
1.   var heatMap = document.querySelector('.heatmap-canvas');
2.   var heatmapInstance=heatmapLayer._heatmap;
3.   heatMap.onmousemove = function(ev) {
4.       var x = ev.layerX;
5.       var y = ev.layerY;
6.       //获取点 p(x/y)所在地的地震震级
7.       var value = heatmapInstance.getValueAt({
8.           x: x,
9.           y: y
10.      });
11.      if(value>0){
12.          this.setAttribute("title","震级："+ value +"级");
13.      }else{
14.          this.removeAttribute("title");
15.      }
16.  };
```

```
17.  //鼠标移走之后隐藏提示
18.  heatMap.onmouseout = function() {
19.      this.removeAttribute("title");
20.  };
```

在上面的代码中，首先通过 DOM 元素的 document.querySelector()方法找到热力图所在的元素，然后为该元素添加 onmousemove 事件和 onmouseout 事件。在 onmousemove 事件的监听函数中，通过 layerX 和 layerY 来获取鼠标光标在热力图 canvas 上的相对坐标。注意，某些浏览器不一定支持这两个属性，但也能找到替代方法。插件 heatmap.js 提供的 getValueAt()方法可以获取热力图上某点采用插值方法计算出来的数值，此时，参与热力图绘制的数据对象 testData 中设置的 min 属性和 max 属性就能发挥作用了，读者可以尝试改变一下 min 属性和 max 属性，看看通过 getValueAt()方法返回的数值变化。要使用 getValueAt()方法，就需要通过热力图图层 heatmapLayer 的_heatmap 属性获取热力图实例。和柱状图、饼状/环状图、折线图的鼠标提示类似，上面的代码通过为 canvas 元素增加或移除一个 title 属性来控制鼠标提示的显示与否，其属性值是通过 getValueAt()方法计算出来的地震震级，其中还通过一个 if 条件语句，只显示地震震级大于 0 的地震震级。

5.3.5　添加图例

在热力图中添加图例的方法与在柱状图、饼状/环状图添加图例的方法一样，不同的是，在热力图中需要将图例中的矩形符号填充为渐变色，因此，本节按照上文介绍的方法添加图例，代码如下：

```
1.  L.control.Legend({
2.      position: "bottomright",              //图例位置
3.      title: "地震震级分布图图例",
4.      collapsed: false,                     //图例显示与否
5.      symbolWidth:110,                      //符号宽度
6.      symbolHeight:20,                      //符号高度
7.      opacity: 0.5,                         //透明度
8.      column: 1,                            //图例列数
9.      legends: [{
10.         label: "0 - "+dMax,
11.         type: "rectangle",                //矩形方块
12.     }]
13. }).addTo(myMap);
```

在 Chrome 开发者工具中查看图例对应的 HTML 文档各个元素，可以发现填充色的矩形实际上是一个在名为 i 的元素下的 canvas 元素，因此，可以按照 JavaScript 给 canvas 元素填充渐变色的方法为其重新填充颜色，代码如下：

```
1.  var legend = document.getElementsByTagName("i");
2.  var legendCanvas=legend[0].children[0];
3.  var context = legendCanvas.getContext('2d');          //返回画布绘图环境
4.  var grd=context.createLinearGradient(0, 0, 110, 0);   //这是一个从左到右的渐变色，以下的代码在不同
节点上分别添加热力图的几种颜色
```

```
5.  grd.addColorStop(0,"#207cca");
6.  grd.addColorStop(0.4,"#31ff00");
7.  grd.addColorStop(0.7,"#f8ff00");
8.  grd.addColorStop(1,"#ff0500");
9.  context.fillStyle = grd;
10. context.fillRect(0,0,110,20);                //对应矩形的宽度和高度
```

至此，我们绘制了一个完整的全球地震热力图，完整的代码请参考本书配套资源中的 5-6.html，运行后的效果如图 5-25 所示，当鼠标光标移动到热力图上时将看到对应的地震震级。

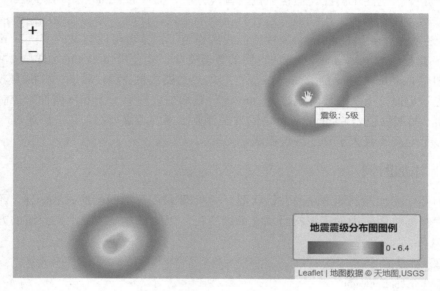

图 5-25　全球地震热力图

5.4　蜂窝图

蜂窝图实际上是另一种形式的热力图，它以正六边形的形式分布在地图上，每个正六边形都根据不同的属性值填充不同的颜色，以反映不同事物或现象的聚集程度。由于彼此相邻的正六边形形似蜂窝，故称之为蜂窝图。Leaflet 官网并没有提供绘制蜂窝图的插件，但 D3.js 提供了一个示例（http://bl.ocks.org/tnightingale/4668062），该示例基于 Leaflet 的早期版本，经测试，并不能支持最新的 Leaflet 版本。本节将结合适用于浏览器端的地理空间分析工具包 Turf.js 来实现蜂窝图的绘制。

5.4.1　获取数据

本节选择天地图地图作为背景地图，将地图图面显示为美国，详细过程在之前的章节中已有表述，此处不再赘述。在美国地质勘探局（USGS）官网搜索过去某个月内美国发生的 2.5 级以上的地震信息，并输出为 GeoJSON 数据，命名为 quakes_USA_20201127.geojson，将该文件存储到工程的 data 文件夹下。

5.4.2　下载 JavaScript 库

Turf.js 库是一款功能非常强大的，可用于处理 GeoJSON 数据的地理空间分析开源包，可在浏览器端使用，非常适合前端 GIS 开发。本节将用到 Turf.js 库，进入如图 5-26 所示的 TURF 官网，单击左侧的"GETTING STARTED"，可以找到 Turf.js 的引用地址，建议读者下载后使用，在 HTML 文档的头部元素中引用该文件，代码如下：

```
1.  <script src='https://unpkg.com/@turf/turf/turf.min.js'></script>
```

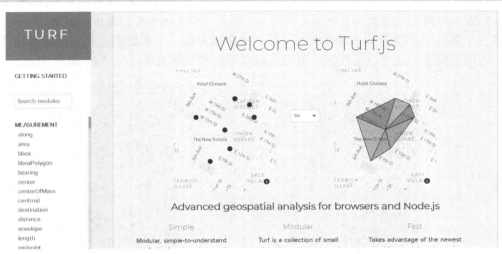

图 5-26　TURF 官网

除此之外，本节还需要通过插件 leaflet-choropleth 来完成蜂窝图的渲染，需要使用 choropleth.js 库。在填充颜色时，使用的是 colorbrewer.js 库，可按照 5.1.2 节介绍的方法下载 colorbrewer.js 库。将 choropleth.js 和 colorbrewer.js 复制到工程的 JS 文件夹下，在 HTML 文档的头部元素中引用以上两个文件，代码如下：

```
1.  <script src="JS/colorbrewer.js"></script>
2.  <script src="JS/choropleth.js"></script>
```

5.4.3　绘制蜂窝图

蜂窝图的绘制思路如下：首先在地图视图范围内铺满正六边形；然后根据不同事物或现象的分布点，保留所在的正六边形；最后根据这些分布点的属性值设置正六边形的显示样式。绘制蜂窝图的过程如下：

5.4.3.1　蜂窝图的初始化

首先获取当前的地图视图范围，设置构成蜂窝图的正六边形边长大小；然后在当前地图视图范围内生成铺满全区域的蜂窝图。代码如下：

```
1.  var mapBounds=myMap.getBounds().toBBoxString();  //获取当前地图视图范围
2.  var bbox=mapBounds.split(",");
```

```
3.    bbox=bbox.map(Number);                              //将数组内所有的字符串转成数字
4.    var cellSide = 50;                                  //每个正六边形大小
5.    var options = {units: 'miles'};                     //单位
6.    var hexgrid = turf.hexGrid(bbox, cellSide, options); //生成蜂窝图
```

在上面的代码中，getBounds()方法用于获取当前的地图视图地理范围，上文已有介绍。toBBoxString()方法用来将当前地图视图范围按"西南方向经度、西南方向纬度、东北方向经度、东北方向纬度"格式转换为一个字符串。split()方法用于将一个字符串分割成字符串数组，map(Number)方法用于将字符串数组转换为由数字构成的数组，接下来便可以用 TURF 提供的hexGrid()方法在指定地理范围内平铺正六边形，返回一个 FeatureCollection 对象，其中，该方法的第一个参数用于指定一个地理范围，第二个参数和第三个参数用于指定组成蜂窝图的每个正六边形的尺寸。运行以上代码，可看到蜂窝图的初始化效果如图 5-27 所示。

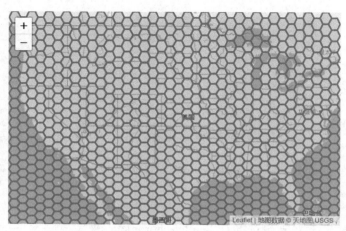

图 5-27　蜂窝图的初始化效果

5.4.3.2　蜂窝图的过滤

在图 5-27 的基础上，保留地震发生地所在的正六边形，将其余没有地震发生的正六边形过滤掉。和 5.1.6 节介绍的方法一样，在通过 L.GeoJSON.AJAX()方法加载 GeoJSON 数据时，增加了一个中间函数 middleware()，在该函数中完成正六边形的过滤与渲染，代码如下：

```
1.   function(geojson) {
2.       var featureArr=[];
3.       turf.featureEach(hexgrid,function (feature,index) {
4.           var newFeature=JSON.parse(JSON.stringify( feature )); //复制对象，在增加对象属性时以便传值
5.           var ptsWithin = turf.pointsWithinPolygon(geojson, feature);
6.           if(ptsWithin.features.length>0){
7.               newFeature.properties.num = ptsWithin.features.length;
8.               featureArr.push(newFeature);
9.           }
10.      });
11.  }
```

　　在上面的代码中，turf.featureEach()方法用于遍历产生的所有正六边形，其回调函数中，JSON.stringify()方法用于将一个对象转换为字符串，JSON.parse()方法则刚好相反，用于将一个 JSON 字符串转换为对象。这样，通过 JSON.parse(JSON.stringify(feature))方法可将 FeatureCollection 对象 hexgrid 中的每一个正六边形对象 feature 复制到一个新的变量 newFeature 中，如果此处不这么做，在后面为 feature 对象添加一个属性时，每次属性值的改变将影响所有的 feature 对象。通过 TURF 提供的 pointsWithinPolygon()方法，可以将位于每个正六边形内的地震发生点提取出来，该方法也将返回一个 FeatureCollection 对象，通过添加一个 if 条件语句，可判断 FeatureCollection 对象内的要素个数，如果要素个数大于 0，则为这个正六边形对象添加一个属性，记录位于该正六边形内的地震点数，即地震发生的次数，并将这个正六边形要素添加到声明的数组 featureArr 中。此处，我们为新变量 newFeature 添加了属性，而不是为 feature 添加属性，读者可以尝试将 newFeature 改为 feature，看看运行效果。另外，在 Chrome 开发者工具的控制台看看数组 featureArr 中每个元素的属性变化，这样更加有利于理解为什么我们要将 feature 复制到一个新的变量 newFeature 中。至此，发生过地震的正六边形区域被过滤出来。

5.4.3.3　蜂窝图的样式设置

　　本节按照 5.1.6 节介绍的方法使用插件 leaflet-choropleth 来完成过滤后的蜂窝图渲染。在完成蜂窝图的过滤后，添加以下代码：

```
1.   if(featureArr.length>0){
2.       var hexCol=turf.featureCollection(featureArr);
3.       var classes=5;
4.       var scheme = colorbrewer["YlOrRd"][classes];
5.       var choroplethLayer = L.choropleth(hexCol, {              //绘制分级统计图
6.           valueProperty: "num",    //对应 GeoJSON 数据中需要绘制的属性数据
7.           scale: scheme,              //使用 chroma.js 进行颜色插值，可以是由两种颜色组成的范围，也可以
包含任意多的颜色
8.           steps: classes,        //分级数，如果以上颜色是用户指定数量的颜色，此处必须与颜色数量一致
9.           mode: 'k',             //q 表示分位数，e 表示等距分级，k 表示 k 均值聚类分级
10.          style: {
11.              color:"#e31a1c",    //轮廓颜色
12.              weight: 1,          //轮廓宽度
13.              fillOpacity: 0.8    //填充透明度
14.          },
15.          onEachFeature: function (feature, layer) {
16.              layer.bindPopup("地震次数: "+feature.properties.num).openPopup();
17.          },
18.      }).addTo(myMap);
19.  }
```

　　以上代码只是对 5.1.6 节的相应代码稍做修改，其中，if 条件语句用于判断过滤的正六边形是否为空。turf.featureCollection()方法用来将过滤后的正六边形数组转换为 FeatureCollection 对象，便于作为参数传给 choropleth()方法。此外，上面的代码还通过 colorbrewer[][]获取

colorbrewer.js 中的颜色数组，将其作为蜂窝图的分级统计图颜色方案。在上述代码的最后绑定了一个弹出窗，用于提示每个正六边形内的地震次数。

这里采用 5.1.6 节介绍的方法为蜂窝图添加一个图例，此处不再赘述。完整的代码请参考本书配套资源中的 5-7.html，绘制的蜂窝图如图 5-28 所示，当单击每个正六边形时，将会以弹出窗的形式显示地震次数。

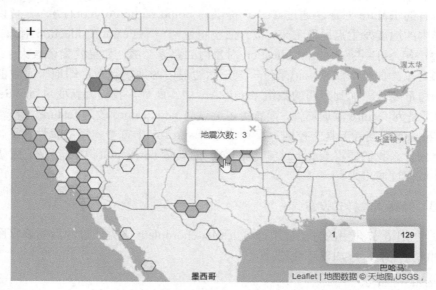

图 5-28　绘制的蜂窝图

5.5　等值线图

等值线是指某种现象中具备相等数值的点之间的连线，如等高线、等温线、等深线、等压线等[34]。本节以湖北省等高线图的制作为例，介绍利用 Leaflet 和 Turf.js 绘制等值线的方法。

5.5.1　获取数据

本节选择天地图地图作为背景地图，将湖北省在地图图面上放大居中显示，详细过程在之前的章节中都有表述，此处不再赘述。通过阿里云的地图选择器，下载不包含子区域的湖北省 GeoJSON 数据，将其命名为 Hubei_Outline.json 并存储到工程的 data 文件夹下；通过 91 卫图助手下载湖北省的高程数据并导出为 CSV 文件，命名为 Hubei.csv。这里需要注意的是，CSV 文件需转存为 UTF-8 编码，否则在使用某些文本编辑器打开该文件时，所有中文将显示为乱码。Hubei.csv 存储了一系列记录有经纬度坐标和高程信息的点，格式如下：

```
1.  No.,名称,经度(度),纬度(度),高程(米)
2.  0,0,101.601562500,41.244772343,1121.113
3.  1,0,102.251960099,41.244772343,1267.808
4.  2,0,102.902357698,41.244772343,1434.104
5.  3,0,103.552755297,41.244772343,1374.916
```

```
6.    4,0,104.203152896,41.244772343,1351.987
7.    5,0,104.853550495,41.244772343,1267.267
8.    ……
```

将 Hubei.csv 存储到工程的 data 文件夹下。

5.5.2　下载 JavaScript 库

3.2.3 节介绍了 GeoJSON 数据的加载，实际上，Leaflet 也支持 CSV 数据的加载。Leaflet 官网提供了一些可以将 CSV 数据加载到 GeoJSON 图层的插件，本节介绍其中的插件 leaflet-omnivore，该插件支持 CSV、KML、GPX、TopoJSON、WKT 等格式的数据加载。

进入 Leaflet 官网后，单击"Plugins"，找到插件 leaflet-omnivore 后可查看该插件的使用说明和示例，单击插件 leaflet-omnivore 还可以进入该插件的下载页面。本节通过 http://api.tiles.mapbox.com/mapbox.js/plugins/leaflet-omnivore/v0.3.1/leaflet-omnivore.min.js 下载 leaflet-omnivore.min.js，并将其存储到工程的 JS 文件夹下，在 HTML 文档的头部元素中引用该文件，代码如下：

```
1.    <script src='JS/leaflet-omnivore.min.js'></script>
```

5.5.3　绘制等高线

5.5.3.1　高程点数据加载

首先加载湖北省高程点数据，代码如下：

```
1.    var pointLayer=omnivore.csv('data/Hubei.csv',{
2.        latfield: '纬度(度)',
3.        lonfield: '经度(度)',
4.        delimiter: ',',
5.        ele: '高程(米)'
6.    }).on('ready', function(){
7.        ……
8.    });
```

上面的代码通过 omnivore.csv()方法读取 CSV 数据，返回一个 L.geoJson 对象。omnivore.csv()方法第一个参数指定 CSV 数据的存储路径；第二个参数是可选参数，用于指明数据点的纬度（latfield）在 CSV 文件中对应的数据列名称、经度（lonfield）在 CSV 文件中对应的数据列名称、CSV 文件的分隔符（delimiter）等；第三个参数也是可选参数，可传递一个自定义图层，用于对 CSV 数据加载后形成的 GeoJSON 图层进行一些操作，如设定样式。代码如下：

```
1.    var geojsonMarkerOptions = {
2.        radius: 5000,                        //半径
3.        fillColor: "#ff0000",               //填充色
4.        color: "#000",                       //轮廓颜色
5.        weight: 1,                           //轮廓粗细
6.        opacity: 1,                          //轮廓透明度
```

```
7.         fillOpacity: 0.8                          //填充透明度
8.     };
9.     var customLayer = L.geoJSON(null, {
10.        //http://leafletjs.com/reference.html#geojson-style
11.        pointToLayer:function (feature, latlng) {
12.            return L.circle(latlng, geojsonMarkerOptions);
13.        }
14.    });
15.    var pointLayer=omnivore.csv('data/Hubei.csv',{
16.        latfield: '纬度(度)',
17.        lonfield: '经度(度)',
18.        delimiter: ',',
19.        ele: '高程(米)'
20.    },customLayer).addTo(myMap);
```

上面的代码通过 omnivore.csv()方法的第三个参数，即一个自定义的图层 customLayer，改变了 CSV 数据加载后的显示样式。CSV 数据的加载过程是异步的，因此在 omnivore.csv()方法后面可增加一个监听事件 ready，在数据加载完毕后将触发该事件，调用其后的回调函数。除此之外，插件 leaflet-omnivore 还提供了一个 error 事件，在 CSV 数据加载失败时将触发该事件。严格意义上讲，所有的代码都需要增加此类异常捕捉事件。本书为了简便，并没有添加此类事件，读者可自行添加。

5.5.3.2　等高线生成

在 CSV 数据加载成功之后的回调函数中，通过 L.GeoJSON.AJAX()方法加载湖北省轮廓的 GeoJSON 数据，代码如下：

```
1.    var geojsonLayer = new L.GeoJSON.AJAX("data/Hubei_Outline.json",{
2.        style:{
3.            weight: 2,
4.            fillColor: '#ffffff',
5.            fillOpacity: 0.8
6.        }
7.    }).addTo(myMap);
```

通过前文的学习，读者对上面的代码应该比较熟悉了，这里不再对代码进行解释，仅对数据加载的逻辑顺序关系进行说明。在加载湖北省轮廓的 GeoJSON 数据之后，会发现通过91 卫图助手下载的高程点数据并不完全位于湖北省境内。通过 5.5.3.1 节自定义的图层 customLayer 来改变 CSV 数据加载后的显示样式，如图 5-29 所示，其中灰色范围为湖北省的行政区划范围，圆点（红色点）为下载的高程点。显然，基于这些高程点生成的等高线也不可能完全位于湖北省境内，不论先加载湖北省轮廓的 GeoJSON 数据，还是先加载下载的高程点数据，都需要进行一些裁剪操作。L.GeoJSON.AJAX()方法和 omnivore.csv()方法都是异步加载数据的，因此可以将其中一种方法放在另一种方法数据加载完成之后的回调函数中。将 L.GeoJSON.AJAX()方法放在 omnivore.csv()方法后 ready 事件的回调函数中，这样可以确保执行裁剪操作之前已经顺利完成湖北省轮廓的 GeoJSON 数据和高程点数据的加载。

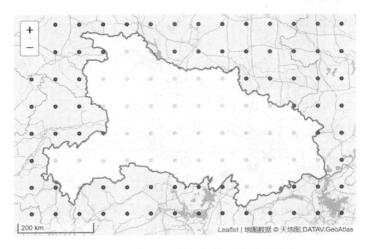

图 5-29　改变 CSV 数据加载后的显示样式

在绘制湖北省境内的等高线时，有两种方法可以实现：第一种方法首先基于下载的原始高程数据来生成等高线，然后利用湖北省面域对等高线进行裁剪；第二种方法首先提取湖北省境内的高程点，然后基于这些高程点生成等高线。由于湖北省境内的高程点数量较少，实验表明，通过少量高程点内插生成等高线的效果并不是很好，因此这里选择使用第一种方法来绘制湖北省境内的等高线。

由于 L.GeoJSON.AJAX()方法也是异步加载数据的，在湖北省轮廓的 GeoJSON 数据加载完成后，会触发 data:loaded 事件，在该事件的回调函数中生成等高线，并对等高线进行裁剪操作，即在以下代码中的省略号处添加绘制等高线的代码。

```
1.  geojsonLayer.on('data:loaded', function(data){
2.      ……
3.  });
```

Leaflet 官网并没有提供绘制等高线的插件，但可以借助 Turf.js 的 isolines()方法来绘制等高线。isolines()方法需要传递三个参数：第一个参数是参与生成等高线的高程点，要求是 FeatureCollection 类型的对象；第二个参数是一个由若干数字组成的数组，这些数字将决定等高线的绘制顺序，并作为等高线的高程属性存储在 GeoJSON 数据中，这些数字的最大值必须大于所有高程点中的最大高程值，否则会有部分区域的等高线无法绘制；第三个参数用于指明参与生成等高线的高程点数据中的哪个属性是高程属性。

由于 isolines()方法的第一个参数要求是 FeatureCollection 类型的对象，但 omnivore.csv()方法在读取 CSV 数据后返回的 L.GeoJSON 对象的类型是 pointLayer，因此可以通过 toGeoJSON()方法将 pointLayer 类型转换为 FeatureCollection 类型，代码如下：

```
1.  var points=pointLayer.toGeoJSON();
```

对于 isolines()方法的第二个参数，通过查看下载的高程点属性数据，会发现最大高程值不超过 4500 m，因此可以构建一个数组，设定每 100 m 绘制一条等高线，代码如下：

```
1.  var breaks=[];
2.  for(var i=0;i<45;i++){
```

```
3.        breaks.push(100*i);
4.    };
```

对于 isolines()方法的第三个参数，在以上高程点中，高程值存储在"高程（米）"属性中，因此只需要指定 zProperty 属性为"高程（米）"即可。

至此，即可调用 Turf.js 的 isolines()方法生成等高线，代码如下：

```
1.    var isolines = turf.isolines(points, breaks, {zProperty: '高程(米)'});
```

通过下面的代码将生成的等高线添加到地图中：

```
1.    L.geoJSON(isolines).addTo(myMap);
```

生成的等高线如图 5-30 所示，这里的等高线覆盖了湖北省全境及境外的部分区域，接下来还需要对这些等高线进行裁剪，仅仅保留湖北省境内的部分。

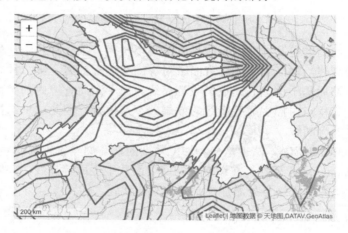

图 5-30　生成的等高线

分析以上生成的等高线，可以看到，有少量等高线直接包含在湖北省境内，有少量等高线与湖北省面域边界线相交。在 Chrome 开发者工具中可以得知湖北省数据的几何类型为 MultiPolygon，生成的等高线数据的几何类型为 MultiLineString，这两类数据都不是简单的点（Point）数据、线（LineString）数据和面（Polygon）数据。MultiPolygon 实际上是由 1 个或 1 个以上的简单多边形组成的复合几何对象，而 MultiLineString 则是由 1 条或 1 条以上的简单折线组成的复合几何对象。在 Turf.js 的空间分析相关操作中，大多只支持简单几何对象，因此需要将湖北省数据和等高线数据转换为简单几何对象后才能进行等高线的裁剪操作。Turf.js 提供的 flatten()方法可以将 Multi**类型的复合几何对象转换为简单几何对象，提供的 flattenEach()方法可以遍历构成复合几何对象的简单几何对象。为了便于大家进一步理解复合几何对象的坐标构成，这里直接采用读取复合几何对象子坐标的形式来完成复合几何对象和简单几何对象的转换，5.6.1 节将介绍 Turf.js 提供的 flattenEach()相关方法。

对于湖北省数据，可以在获取其主要的面域坐标后，通过 turf.polygon()方法将其转换为简单多边形，代码如下：

```
1.    var hbArea=geojsonLayer.toGeoJSON();
2.    var hbFeature=turf.polygon(hbArea.features[0].geometry.coordinates[0]);
```

在上面的代码中，toGeoJSON()方法返回一个 FeatureCollection 类型的对象 hbArea，虽然 hbArea 是一个要素集，但只包含了一个要素，通过 features 属性可返回一个数组，该数组唯一的元素的几何坐标 coordinates 由 5 个数组元素组成，其中第一个数组元素即湖北省的主要面域（如图 5-29 中的白色面域部分）坐标。

对于以上生成的等高线，需要逐条判断每条等高线与湖北省面域的空间关系，包含在湖北省面域范围内的要保留，与湖北省面域边界线相交的等高线需要裁剪。该过程需要遍历每条等高线，turf.featureEach()方法可用于遍历 FeatureCollection 中的每一个 Feature，因此可以使用该方法遍历以上生成的等高线，代码如下：

```
1.  turf.featureEach(isolines, function (currentFeature, featureIndex) {
2.      ……
3.  });
```

在上述代码的省略号处可以对当前遍历到的等高线要素 currentFeature 进行操作，例如，可以获取等高线的高程值和坐标信息，代码如下：

```
1.  var currentCoordinates=currentFeature.geometry.coordinates;
2.  var elevation=currentFeature.properties["高程(米)"];
```

由于每条等高线都是 MultiLineString 类型的，上面代码中的 currentCoordinates 将返回一个由多条折线坐标数组组成的数组，对该数组进行遍历，可获取每条折线的坐标数组，通过 turf.lineString()方法可以将每条折线的坐标数组转换为简单线（LineString）要素，以便后续的处理，代码如下：

```
1.  for(var j=0;j<currentCoordinates.length;j++){
2.      var lineCoordinates=currentCoordinates[j];
3.      var line=turf.lineString(lineCoordinates);        //每条折线简单化
4.      line.properties["高程(米)"]=elevation;
5.      ……
6.  }
```

上述的代码在对每条折线进行简单化的同时，还存储了高程值。至此，可以开始判断每条折线与湖北省面域之间的空间关系，在以上代码中的省略号处增加以下代码：

```
1.  var lineArr=[];
2.  var bool1=turf.booleanWithin(line,hbFeature);        //是否位于面域内
3.  if (bool1==true){
4.      lineArr.push(line);
5.  }else{
6.      var split = turf.lineSplit(line, hbFeature);        //分割相交的等高线
7.      if (split.features.length>0){
8.          turf.featureEach(split,function (currentSplit,splitIndex) {
9.              var bool2=turf.booleanContains(hbFeature, currentSplit);//是否位于面域中
10.             if(bool2==true){
11.                 currentSplit.properties["高程(米)"]=elevation;
12.                 lineArr.push(currentSplit);
13.             }
```

```
14.            });
15.       }
16. }
```

上述代码首先定义了一个数组 lineArr，用来存储湖北省境内的等高线。通过 turf.booleanWithin()方法判断折线是否位于湖北省面域内，当一个要素或几何形体（第一个参数）位于另一个要素或几何形体（第二个参数）中，且二者轮廓线并无相交时，将返回 true，否则返回 false。此处如果返回 true，则将折线放入数组 lineArr；否则通过 turf.lineSplit()方法将折线在与湖北省面域边界线相交处打断；如果返回的 FeatureCollection 中要素数量大于 0，说明该折线经过湖北省，打断后形成多个子折线。仍然通过 turf.featureEach()方法遍历这些子折线，通过 turf.booleanContains()方法判断湖北省面域内是否包含这些子折线，该方法的使用与 turf.booleanWithin()方法的使用类似，但用于比较的两个要素或几何形体在参数中的位置正好相反，当一个要素或几何形体（第一个参数）包含另一个要素或几何形体（第二个参数），且二者轮廓线并无相交时，将返回 true，否则返回 false。在上面的代码中，读者可以尝试调换这两种方法，或者只使用其中一种方法，并对比一下最后的运行效果。当子折线正好被湖北省面域包含时，将该子折线放入数组 lineArr，同时要注意打断后的子折线失去了高程值，需要为其增加高程值。

接下来只需要将数组 lineArr 添加到地图上即可，代码如下：

```
1. var lineCol=turf.featureCollection(lineArr);
2. var lineLayer=L.geoJSON(lineCol,{
3.     style:{
4.         "color": "#ff7800",
5.         "weight": 3,                    //线粗
6.     },
7. }).addTo(myMap);
```

由于 Turf.js 是基于 GeoJSON 数据的，因此上述的代码通过 turf.featureCollection()方法将 lineArr 数组转换为 GeoJSON 数据格式的 FeatureCollection 对象，这样就可以用上文介绍的 L.geoJSON()方法来加载该数据。为了便于比较，这里将裁剪后提取出来的湖北省面域内的等高线设置为橙色，代码运行效果如图 5-31 所示，可见湖北省境内的所有等高线均已被提取出来了。

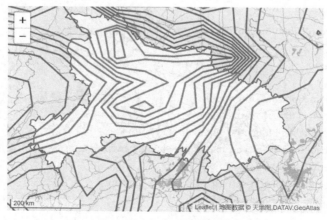

图 5-31　提取出的等高线

5.5.3.3　添加注记

本节通过 bindTooltip()方法为提取出来的等高线添加鼠标提示，通过 4.7 节介绍的插件 Leaflet.TextPath 在等高线上添加注记。如果只显示 500 m 或 500 m 的倍数，则可以通过一个条件语句来控制注记的显示，代码如下：

```
1.  var ele=feature.properties["高程(米)"];        //获取每条等高线的高程值
2.  if((ele % 500)==0){
3.      layer.setText(ele.toString(), {            //插件 Leaflet.TextPath 的方法
4.          center: true,
5.          offset: 5,
6.          attributes: {
7.              'font-weight': 'bold',             //加粗
8.              opacity:1,                         //透明度
9.              fill: '#834300',                   //填充色
10.             'font-size':15,                    //字大小
11.             stroke: "#834300",                 //轮廓色
12.             'stroke-width': 0.5                //轮廓宽度
13.         },
14.     });
15. };
```

此外，还可以通过 5.2.1.6 节介绍的插件 Leaflet.Legend 为地图添加图例，由于前文已经对该插件进行了详细的介绍，在此不再赘述。完整的代码请参考本书配套资源中的 5-8.html，可得到湖北省的等高线分布图，如图 5-32 所示。当鼠标光标移动到每条等高线上时都会有高程提示。显然，这些折线不够光滑，Turf.js 提供了 turf.bezierSpline()方法可以将这些折线转换为更加光滑的贝塞尔曲线，请读者自行尝试。

图 5-32　湖北省的等高线分布图

5.6　分层设色法

分层设色法是以等高线为基础，根据地面高度划分高程层（带），通过逐层设置不同颜色

来表示地貌起伏变化的方法[34]。Leaflet 官网并没有提供用于分层设色的插件，但可以通过 Turf.js 提供的和绘制等高线类似的方法来绘制等值面，在等值面的基础上采用类似于 5.1 节绘制分级统计图的方法，根据不同的属性值为不同的等值面赋予不同的颜色。本节仍以湖北省为例，采用 5.5 节下载的高程点数据，利用 Leaflet 和 Turf.js 实现分层设色法。

5.6.1　绘制等值面

和 isolines()方法类似，Turf.js 提供的 isobands()方法可以绘制等值面。该方法的三个参数设置和 isolines()方法一样，需要依次指定参与生成等高线的高程点、用于确定等值面绘制顺序与高程范围的数字型数组、高程点数据的高程属性名。本节在 5.5 节生成等高线代码的基础上进行修改，将 isolines()方法替换成 isobands()方法，代码如下：

```
1.  var isobands = turf.isobands(points, breaks, {zProperty: '高程(米)'});
```

通过上面的代码即可生成一系列等值面。和 5.5 节一样，我们只需要保留湖北省境内的等值面，因此要遍历这些等值面，并逐个与湖北省面域进行空间相交操作。不论湖北省面域数据，还是生成的等值面数据，都是 MultiPolygon 类型的复合几何对象，不便于进行空间相交操作，需要在提取组成这些复合几何对象的简单几何对象后，才能调用 Turf.js 提供的相交方法 intersect()。本节采用 5.5.3 节提到的 flattenEach()方法，该方法用于遍历组成复合几何对象的简单几何对象。在生成等值面的代码之后，添加如下代码：

```
1.  var isobandsArr=[];              //用于存储湖北省境内的等值面
2.  turf.flattenEach(hbArea,function(currentHBFeature,HBIndex,multiHBIndex){
3.      turf.flattenEach(isobands, function (currentISFeature, featureIndex, multiFeatureIndex){
4.          var intersection = turf.intersect(currentHBFeature, currentISFeature);   //相交操作
5.          if(intersection!=null){
6.              var eleRange=currentISFeature.properties["高程(米)"];   //返回类似于 0～100 的字符串
7.              var i=eleRange.indexOf("-");
8.              var ele=eleRange.slice(i+1);
9.              intersection.properties["zProperty"]=+ele;
10.             intersection.properties["高程(米)"]=eleRange;
11.             isobandsArr.push(intersection);
12.         }
13.     });
14. });
```

上面的代码首先定义了一个用于存储从湖北省境内被取出来的等值面的数组 isobandsArr，然后通过 flattenEach()方法遍历湖北省面域要素，在其回调函数中通过 flattenEach()方法遍历已生成的等值面数据，并在第 2 次调用 flattenEach()方法的回调函数中执行 intersect()方法，即进行空间相交操作，通过这两次遍历便可将组成湖北省面域数据的简单多边形与组成等值面数据的简单多边形两两相交。如果 intersect()方法返回的结果非空，则表明已顺利获取相交面域，需要注意的是，这些相交面域并没有保留对应等值面的高程属性。

由于在生成等值面时，其高程属性值为类似于 0～100 的字符串，为便于后续填色，需要为所有的相交面域指定一个数值，作为其高程属性，因此上面的代码通过 indexOf()方法获取"-"符号在以上字符串中的位置后，将"-"所在位置之后的数值（等值面表示的最大高程值）

通过 slice()方法提取出来，并在提取出的数值前方添加一个"+"，用于将提取出来的字符串转换为数字，将转换后的数字存储到相交面域的 zProperty 属性中，同时为相交面域添加一个"高程（米）"属性，用于后续鼠标提示其表示的高程范围。所有提取出来的相交面域最终存放在数组 isobandsArr 中。

5.6.2　分层设色

分层设色的工作比较简单，只需要通过 featureCollection()方法将 isobandsArr 数组转换成为 GeoJSON 数据格式，便可通过 5.1.6 节介绍的插件 leaflet-choropleth 进行分层设色，代码如下：

```
1.  var isobandsCol=turf.featureCollection(isobandsArr);
2.  var choroplethLayer = L.choropleth(isobandsCol, {   //绘制分级统计图
3.      valueProperty: "zProperty",       //对应数据中需要绘制的属性数据
4.      scale: ['#feedde', '#fdbe85','#fd8d3c','#e6550d', '#a63603'],    //可以是由两种颜色组成的范围，也可以
包含任意多的颜色
5.      steps: 5,    //分级数，如果以上颜色为用户指定数量的颜色，此处必须与以上颜色数量一致
6.      mode: 'q',  //q 表示分位数，e 表示等距分级，k 表示 k 均值聚类分级
7.      style: {
8.          color: '#fff',              //轮廓颜色
9.          weight: 2,                 //轮廓宽度
10.         fillOpacity: 1             //填充透明度
11.     },
12.     onEachFeature: function (feature, layer) {
13.         var ele=feature.properties["高程(米)"]+"米";
14.         layer.bindTooltip(ele,{
15.             sticky:true,
16.         }).openTooltip();          //添加鼠标提示
17.     },
18. }).addTo(myMap);
```

上面的代码在前文中已有详细示例介绍，此处不再进行解释。完成分层设色后，还可以采用 5.1.4 节或 5.1.6 节介绍的方法为地图添加图例，此处也不再赘述了。完整的代码请参考本书配套资源中的 5-9.html，运行代码后可看到分层设色图，如图 5-33 所示。当鼠标光标移动到某个等值面上时，将会显示该等值面代表的高程范围。

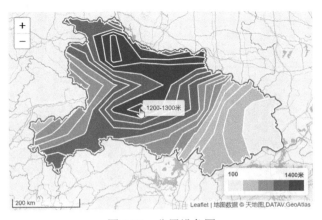

图 5-33　分层设色图

5.7 本章小结

本章主要介绍了分级统计图法、分区统计图表法、热力图、蜂窝图、等值线图、分层设色法等常见专题地图的 Leaflet 制作方法。如果读者能融会贯通本章以及前面章节介绍的方法，就可以掌握定点符号法、线状符号法、质底法、范围法、定位图表法、点数法、运动线法等专题地图表达方法；结合 D3.js、ECharts 等图表制作工具，还可以实现更加复杂的地图-图表交互式在线可视化信息系统。

第 **6** 章

Leaflet 地图动画

前面几章展示的都是静态地图的可视化效果，Leaflet 官网提供了很多能够实现动态地图可视化效果的插件，这些插件大致可以分为两类：一类是和时间属性相关联，用于反映时序变化的时间滑块类插件；另一类是动画覆盖图层类插件，通过地图上的图标或其他一些几何形体的动画效果来模拟客观事物或现象的动态演化过程。本章将分别选择其中一些插件进行介绍。

6.1 图标动画

图标实际上是地图上的一个点要素，图标动画主要是通过图标在地图上的位置变化来实现的，常用来模拟人或物的活动状态。

6.1.1 沿线运动

Leaflet 官网提供的插件 Leaflet.AnimatedMarker 可以实现图标沿线运动，本节通过模拟一架从洛杉矶飞往柏林的飞机来介绍该插件的使用方法。

6.1.1.1 JavaScript 库下载

1）Leaflet.Geodesic 插件

本节通过 Leaflet 官网提供的 Leaflet.Geodesic 插件来构建洛杉矶到柏林的测地线，该线是地球球面上两点之间的最短路径，我们将其作为飞行航线。

进入 Leaflet 官网后，单击"Plugins"，找到插件 Leaflet.Geodesic 后可查看该插件的使用说明和示例，单击插件 Leaflet.Geodesic 还可以进入该插件的下载页面。在插件 Leaflet.Geodesic 的下载页面下载该插件的压缩包文件，并保存到本地（可参考图 3-7）。将压缩包文件解压缩后，会发现 Leaflet 官网提供的开发包都是.ts（使用 TypeScript 编写的文档存储后的扩展名）文件，在 HTML 文档中无法像上文一样直接引用这种文件，因此需找到其对应的.js 库。在插件 Leaflet.Geodesic 的下载页面中，单击右侧的链接"Releases"后，在弹出的页面中可看到该插件对应 JavaScript 库的下载链接：

- https://cdn.jsdelivr.net/npm/leaflet.geodesic@2.6.1/dist/leaflet.geodesic.umd.min.js
- https://unpkg.com/browse/leaflet.geodesic@2.6.1/dist/leaflet.geodesic.umd.min.js

单击其中任意一个链接，将下载的 JavaScript 库存储到工程的 JS 文件夹下，并在 HTML 文档的头部元素中引用 JavaScript 库，代码如下：

```
1.  <script src="JS/leaflet.geodesic.umd.min.js"></script>
```

2）插件 Leaflet.AnimatedMarker

进入 Leaflet 官网后，单击"Plugins"，找到插件 Leaflet.AnimatedMarker 后可查看该插件的使用说明和示例，单击插件 Leaflet.AnimatedMarker 还可以进入该插件的下载页面。在插件 Leaflet.AnimatedMarker 的下载页面下载该插件的压缩包文件，并保存到本地（可参考图 3-7）。将压缩包文件解压缩后，在 src 文件夹下可以找到 AnimatedMarker.js，将其复制到工程的 JS 文件夹下，同样在 HTML 文档的头部元素中引用该文件，代码如下：

```
1.  <script src="JS/AnimatedMarker.js"></script>
```

6.1.1.2　代码实现

本节选择天地图地图的常规地图图层和对应的注记图层作为背景地图，具体过程可参考 3.2.2.1 节，此处不再赘述。

1）构建测地线

通过插件 Leaflet.Geodesic 构建测地线比较简单，只需要指定起点坐标和终点坐标即可，代码如下：

```
1.  var Berlin = {lat: 52.5, lng: 13.35};
2.  var LosAngeles = {lat: 33.82, lng: -118.38};
3.  var geodesic = new L.Geodesic([LosAngeles, Berlin]).addTo(myMap);    //构建测地线
```

插件 Leaflet.Geodesic 既可以通过两个点来构建测地线，也可以通过多个点、多个线段来构建测地线，还可以通过 GeoJSON 数据来构建测地线。测地线的显示样式是可以调整的，由于这不是本书的重点，此处不再介绍，读者可前往插件 Leaflet.Geodesic 的官网进一步了解相关内容。

2）实现图标动画

在实现图标动画前，需要先指定一个图标样式，代码如下：

```
1.  var myIcon = L.icon({
2.      iconUrl: 'CSS/images/airplane.png',        //飞机图标
3.      iconSize: [50, 25],                        //图标大小
4.  });
```

图标的设置在上文已有介绍，此处不再赘述。在使用插件 Leaflet.AnimatedMarker 时，需要传递一些坐标作为图标运动的路线，从插件 Leaflet.Geodesic 构建的测地线中可以获取图标将要经过的一些坐标点，代码如下：

```
1.  var arrNodes=geodesic.getLatLngs()[0];        //图标要经过的坐标点
```

由于通过插件 Leaflet.Geodesic 构建的测地线的几何类型是 MultiLineString，通过

getLatLngs()方法返回的是一个由一系列点数组组成的嵌套数组，因此，需要先在上述代码后添加一个序号，用于获取其中每个点的坐标；然后调用插件 Leaflet.AnimatedMarker 提供的 L.animatedMarker()方法来实现图标动画效果，代码如下：

```
1.  var animatedMarker = L.animatedMarker(arrNodes, {
2.      icon: myIcon,                        //使用的图标
3.      autoStart: false,                    //动画是否自动开始
4.      distance: 3000,                      //单位：米
5.      interval: 2,                         //单位：毫秒
6.  });
7.  myMap.addLayer(animatedMarker);
```

在上面的代码中，L.animatedMarker()方法的第一个参数用于指定图标经过的坐标点。第二个参数是可选参数，该参数中的 icon 属性用于指定图标的图像，即通过 L.icon()方法定义的对象；autoStart 属性用于指定图标动画是否自动运行；distance 属性和 interval 属性用于指定图标的运动速度，该速度由图标经过的相邻两点距离除以 distance 的属性值后再乘以 interval 的属性值来确定。和其他类型的图层一样，通过 addTo()方法或 addLayer()方法可以将运动覆盖图层添加到地图上。至此，运行代码后，便可看到飞机从洛杉矶出发沿航线飞行到柏林的动画效果。

在此基础上，还可以在地图上增加两个按钮，通过代码来控制动画的播放或暂停。这里将用于控制自动播放的 autoStart 的属性值设置为 false，在 HTML 文档加载完成后就不会自动播放图标动画。在地图上新增两个按钮，并分别添加一个单击事件 onclick，代码如下：

```
1.  <button type="button" id="play" onclick="play()">播放</button>
2.  <button type="button" id="stop" onclick="stop()">暂停</button>
```

在触发单击事件时分别调用以下两个函数：

```
1.  function play() {                                    //播放
2.      var latlng=animatedMarker.getLatLng();           //获取图标的当前坐标
3.      if((latlng.lat==Berlin.lat) && (latlng.lng==Berlin.lng)){    //判断是否已到终点
4.          myMap.removeLayer(animatedMarker);
5.          animatedMarker=L.animatedMarker(arrNodes, {  //重新开始，返回起点开始飞行
6.              icon: myIcon,
7.              distance: 3000,                          //单位：米
8.              interval: 2,                             //单位：毫秒
9.          }).addTo(myMap);
10.     }else{
11.         animatedMarker.start();                      //控制图标运动开始
12.     }
13. }
14. function stop() {                                    //暂停播放
15.     animatedMarker.stop();                           //控制图标运动暂停
16. }
```

其中，animatedMarker.start()方法和 animatedMarker.stop()方法分别用于控制动画的播放和暂停。在播放按钮单击事件的处理函数中，增加了一个 if 条件语句，用于判断图标是否已经

到达终点。如果到达终点，则先从地图上移除该图标，再将其初始化回到起点重新开始播放动画。需要注意的是，在进行初始化时，如果没有添加 autoStart 属性，则图标在回到起点后会默认地自动播放动画。设置两个按钮样式的代码如下：

```
1.   #play{
2.       position: absolute;
3.       top:380px;
4.       left: 10px;
5.       z-index: 500;
6.   }
7.   #stop{
8.       position: absolute;
9.       top:380px;
10.      left: 55px;
11.      z-index: 500;
12. }
```

在上述代码中，z-index 属性主要是为了保证按钮始终位于 HTML 文档所有元素的最上层，避免被地图遮挡；其他属性用于调整图标的位置。完整的代码请参考本书配套资源中的6-1.html，运行代码后，可看到如图 6-1 所示的图标动画效果，单击图中左下角的"播放"按钮，飞机开始沿航线飞行；单击左下角的"暂停"按钮，飞机将暂停飞行，在重新单击"播放"按钮后继续飞行。

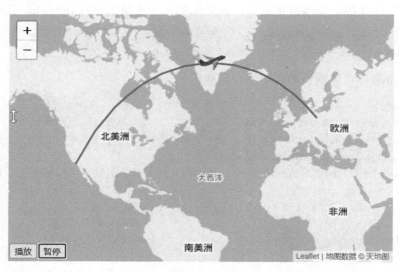

图 6-1　图标动画

6.1.2　时间轴控件

6.1.1 节增加了两个用于控制图标运动的按钮，本章在开始处提到 Leaflet 提供了一些时间滑块插件，通过这些插件可以对图标动画进行更加精准的控制，功能也更加强大，本节介绍其中的插件 Leaflet.TimeDimension。

6.1.2.1　下载 JavaScrip 库

进入 Leaflet 官网后，单击"Plugins"，找到插件 Leaflet.TimeDimension 后可查看该插件的使用说明和示例，单击插件 Leaflet.TimeDimension 还可以进入该插件的下载页面。在插件 Leaflet.TimeDimension 的下载页面下载该插件的压缩包文件，并保存到本地（可参考图 3-7）。将压缩包文件解压缩后，在 dist 文件夹下可以找到 leaflet.timedimension.control.css、leaflet.timedimension.src.js 以及它们对应的压缩版本，分别将其复制到工程的 CSS 文件夹和 JS 文件夹下。在插件 Leaflet.TimeDimension 的使用说明中可以看到，该插件依赖于插件 iso8601-js-period。插件 iso8601-js-period 是一个用于 ISO 8601 国际标准时间数据存储与交换的 JavaScript 库，通过链接 https://github.com/nezasa/iso8601-js-period 可将插件 iso8601-js-period 的压缩包下载到本地文件夹，解压缩后，可以找到 iso8601.js 及其压缩版，将 iso8601.js 复制到工程的 JS 文件夹下。在 HTML 文档的头部元素中引用以上三个文件，根据文件之间的依赖关系，iso8601.js 的引用需要放在 leaflet.timedimension.src.js 的引用之前，代码如下：

```
1.  <link rel="stylesheet" href="CSS/leaflet.timedimension.control.css">
2.  <script src="JS/iso8601.js"></script>
3.  <script src="JS/leaflet.timedimension.src.js"></script>
```

6.1.2.2　GeoJSON 数据动画

按照 GeoJSON 数据规范，其几何坐标中只存储了经纬度和高程信息，并没有时间信息。如果需要通过插件 Leaflet.TimeDimension 来反映 GeoJSON 数据的时序变化，则需要在 GeoJSON 数据的属性中补充时间属性。插件 Leaflet.TimeDimension 需要 GeoJSON 数据具备以下属性：

（1）coordTimes、times 或 linestringTimestamps：GeoJSON 数据中和几何形体相关联的时间数组，对于轨迹，对应的时间数组长度必须和其节点数量相同，可参考本章对应工程的文件夹 data 下的 path.geojson 示例。

（2）time：GeoJSON 数据中 feature 对应的记录时间。

插件 Leaflet.TimeDimension 会在 GeoJSON 数据的 properties 中自动搜索以上属性，具备这些属性的要素将用于创建一个新的 GeoJSON 图层。

我们也可以在 L.map()方法中增加时间轴控件，通过 L.control.timeDimension()方法创建一个时间轴之后，再像其他控件一样通过 addTo()方法将创建的时间轴添加到地图上。插件 Leaflet.TimeDimension 提供的时间轴控件（见图 6-2）包括后退、播放/暂停、快进、循环播放、当前播放的时间、时间控制滑块、速度控制滑块等部件，这些部件都可以被显示或隐藏。

图 6-2　插件 Leaflet.TimeDimension 提供的时间轴控件

在 L.map()方法中添加时间轴控件的代码如下：

```
1.  var myMap = L.map("mapid", {
2.      center:[30.5229,114.396],
```

```
3.      zoom:16,
4.      zoomControl: false,                   //不加载默认的缩放按钮，后面会添加汉化的按钮
5.      timeDimension: true,                  //创建一个和地图关联的 timeDimension 对象
6.      timeDimensionControl: true,           //时间轴控件
7.      timeDimensionControlOptions: {        //时间轴属性设置
8.          loopButton: true,                 //循环播放按钮
9.          autoPlay: true,                   //自动播放
10.         playerOptions: {                  //播放选项
11.             transitionTime: 1000,         //图标从一个节点移动到另一个节点的时间，决定移动速度
12.             loop: true                    //循环播放
13.         },
14.         speedSlider:false,                //隐藏速度控制按钮
15.     },
16. });
```

为了使地图包含时间维度，需要将 timeDimension 的属性值设置为 true。在时间轴控件的选项中，我们隐藏了播放速度控制滑块。本节首先加载天地图地图的常规地图图层和对应的注记图层作为地图背景，该过程前文已有介绍，此处不再赘述；然后通过插件 Leaflet-Ajax 加载 GeoJSON 数据。

在加载 GeoJSON 数据之前，需要首先定义好图标，代码如下：

```
1.  var icon = L.icon({                       //图标
2.      iconUrl: 'CSS/images/walking.gif',
3.      iconSize: [50, 50],
4.      iconAnchor: [30,50]
5.  });
```

在上面的代码中，iconAnchor 用于确定图标的左上角相对于待放置的定位点的位置。

定义好图标后再加载 GeoJSON 数据，并确定每个点的图标显示，代码如下：

```
1.  var geojsonLayer =    new L.GeoJSON.AJAX("data/path.geojson", {
2.      pointToLayer: function (feature, latLng) {
3.          if (feature.properties.hasOwnProperty('last')) {
4.              return new L.Marker(latLng, {
5.                  icon: icon
6.              });
7.          }
8.          return L.circleMarker(latLng);
9.      }
10. });
```

其中，pointToLayer 的使用方法可参考 3.2.3.2 节，在其后的函数中添加了一个 if 条件语句，用于判断 GeoJSON 数据的 feature 中是否有 last 属性。对于线要素，在使用 L.timeDimension.layer.geoJson()方法创建一个具有时间维度的 GeoJSON 图层时，如果将 addlastPoint 的属性值设置为 true，则自动产生 last 属性，该属性用于添加一个点来自定义图标，代码如下：

```
1.   geojsonLayer.on('data:loaded',function(data){
2.       var geoJSONTDLayer = L.timeDimension.layer.geoJson(geojsonLayer, {
3.           updateTimeDimension: true,                    //更新时间轴控件上显示的播放时间
4.           duration: 'PT2M',                             //当设置为空时，所有之前时间的路径都会显示
5.           updateTimeDimensionMode: 'replace',           //时间处理方式
6.           addlastPoint: true,                           //用于增加一个点来自定义运动图标
7.       });
8.       //添加显示轨迹图层和时间动画图层
9.       geojsonLayer.addTo(myMap);
10.      geoJSONTDLayer.addTo(myMap);
11.  });
```

上面的代码在加载 GeoJSON 数据后便调用 L.timeDimension.layer.geoJson()方法创建具有时间维度的 GeoJSON 图层，将其中的 updateTimeDimension 的属性值设置为 true，使用 GeoJSON 数据中的时间序列更新时间轴控件上显示的播放时间；duration 属性用于确定多长周期内的路径显示在地图上，如果设置为空，则图标移动的轨迹将随图标运动而逐渐绘制出来，否则图标移动的轨迹只显示指定周期内的线段；updateTimeDimensionMode 属性用于指定相邻时间之间的处理方式，如 replace 属性用新时间更新现在播放到的时间；addlastPoint 属性用于添加一个点来自定义图标。创建具有时间维度的 GeoJSON 图层后，通过 addTo()方法将创建的两个 GeoJSON 图层加载到地图上。完整的代码请参考本书配套资源中的 6-2.html，运行效果如图 6-3 所示。

图 6-3　GeoJSON 数据动画

6.1.2.3　GPS 轨迹动画

通过全球定位系统（Global Positioning System，GPS）接收器获取的数据通常存储为 GPX 数据。随着带有 GPS 功能的智能设备的普及，这类数据的可视化也开始受到重视，GPS 轨迹动画便是其中之一。本节介绍通过插件 Leaflet.TimeDimension 实现 GPS 轨迹动画的方法。

本节仍然选择天地图地图的常规地图图层和对应的注记图层作为地图背景，该过程前文已有介绍，此处不再赘述。本节使用的 GPX 数据是插件 Leaflet.TimeDimension 提供的一个国

外示例数据。本节使用插件 Leaflet.TimeDimension 的方法和 6.1.2.2 节不一样。6.1.2.2 节在 L.map() 方法中将 timeDimension 的属性值设置为 true；本节将创建一个 TimeDimension 对象，该对象用于管理图层的时间维度，不同的图层可以共享该对象，该对象也可以添加到地图中，代码如下：

```
1.  var timeDimension = new L.TimeDimension({
2.      period: "PT5M",
3.  });
4.  myMap.timeDimension = timeDimension;      //所有的图层共享 timeDimension 对象
```

在创建 TimeDimension 对象时，可以设置很多选项。例如，上述代码将 period 属性值设置为 PT5M，该值是 ISO 8601 规定的数据格式，其中 P 是一段周期性的持续时间标志，T 表示时间（时、分、秒），5M 则表示 5 分钟。PT5M 表示从第一个可用时间开始构建时间数组，相邻时间差为 5 分钟。以上代码的最后让所有的图层都共享 TimeDimension 对象，即由该对象来管理地图的时间维度信息。

接下来创建一个 L.TimeDimension.Player 对象，用于实现地图动画，代码如下：

```
1.  var player = new L.TimeDimension.Player({
2.      transitionTime: 100,         //图标从一个节点移动到另一个节点的时间，决定移动速度
3.      loop: false,                 //循环播放
4.      startOver:true               //当到达最后一个时间点后单击"播放"按钮，重新播放动画
5.  }, timeDimension);
```

上述代码中的 transitionTime 属性、loop 属性等的含义与 6.1.2.2 节一样。本节将 startOver 的属性值设置为 true，表示将动画设置为不循环播放，即当动画播放到最后一个时间点后将停止播放，此时单击"播放"按钮将重新开始播放动画。设置好时间轴控件属性后，将时间轴控件添加到地图上，代码如下：

```
1.  var timeDimensionControlOptions = {
2.      player:              player,
3.      timeDimension: timeDimension,
4.      position:            'bottomleft',      //控件位置
5.      autoPlay:            true,              //自动播放
6.      minSpeed:            1,                 //速度滑块上的最小可选值
7.      speedStep:           0.5,               //速度滑块步长
8.      maxSpeed:            15,                //速度滑块上的最大可选值
9.  };
10. var timeDimensionControl = new L.Control.TimeDimension(timeDimensionControlOptions);
11. myMap.addControl(timeDimensionControl);
```

以上过程和 6.1.2.2 节在 L.map()方法中添加时间轴控件完全等效，大家可以对比一下相关选项的设置，这样有助于加强对插件 Leaflet.TimeDimension 的学习。接下来需要加载 GPX 数据，并将 GPX 数据和时间轴控件关联起来。Leaflet 官网提供了一些用于加载 GPX 数据的插件，如 5.5.2 节介绍的插件 leaflet-omnivore，本节参考 5.5.2 节介绍的方法加载 GPX 数据，代码如下：

```
1.  var icon = L.icon({
2.      iconUrl: 'CSS/images/running.gif',
3.      iconSize: [50, 50],
```

```
4.          iconAnchor: [30,50]
5.     });
6.     var customLayer = L.GeoJSON(null, {
7.          pointToLayer: function (feature, latLng) {
8.               if (feature.properties.hasOwnProperty('last')) {
9.                    return new L.Marker(latLng, {
10.                        icon: icon
11.                   });
12.              }
13.              return L.circleMarker(latLng);
14.         }
15.    });
16.    var gpxLayer = omnivore.gpx('data/running_mallorca.gpx', null, customLayer).on('ready', function() {
17.         myMap.fitBounds(gpxLayer.getBounds(), {
18.              paddingBottomRight: [40, 40]
19.         });
20.    });
```

上面的代码自定义了一个图层 customLayer，该图层作为 omnivore.gpx()方法的第三个参数，用于设置 GPX 数据加载后的显示样式。和 6.1.2.2 节一样，本节也通过 L.timeDimension. layer. geoJson()方法创建具有时间维度的 GeoJSON 图层，并将创建的图层加载到地图上，代码如下：

```
1.     var gpxTimeLayer = L.timeDimension.layer.geoJson(gpxLayer, {
2.          updateTimeDimension: true,
3.          addlastPoint: true,
4.          waitForReady: true    //待 gpxLayer 加载完成后状态变为 ready
5.     });
6.     gpxTimeLayer.addTo(myMap);
```

完整的代码请参考本书配套资源中的 6-3.html，GPS 轨迹动画如图 6-4 所示。和 6.1.2.2 节的 GeoJSON 数据动画不同，本节中的 GPS 轨迹随着人物的运动而逐渐绘制出来，对比一下 6.1.2.2 节的代码，可发现这是由于本节没有在以上代码中设置 duration 的属性值，该属性值默认为空。

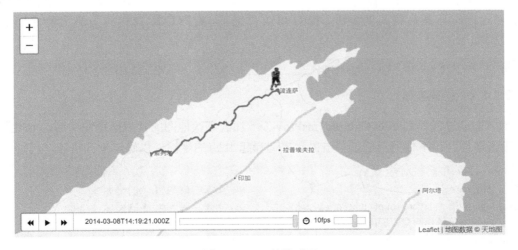

图 6-4　GPS 轨迹动画

6.2 折线动画

6.1 节展示了 GPS 轨迹配合图标运动的动画效果，除此之外，Leaflet 官网还提供了多种折线动画插件，本节将介绍常用的几种插件。

6.2.1 蛇行动画

Leaflet 官网提供的插件 Leaflet.Polyline.SnakeAnim，能够让折线像贪吃蛇游戏中的蛇一样从起点运动到终点。本节选择高德地图作为背景地图，并使用高德地图的路径规划服务，在地图上任意选择两个点后生成步行路径，路径折线以蛇行动画的形式展现，具体实现过程如下。

6.2.1.1 下载 JavaScript 库

进入 Leaflet 官网后，单击"Plugins"，找到插件 Leaflet.Polyline.SnakeAnim 后可查看该插件的使用说明和示例，单击插件 Leaflet.Polyline.SnakeAnim 还可以进入该插件的下载页面。在插件 Leaflet.Polyline.SnakeAnim 的下载页面下载该插件的压缩包文件，并保存到本地（可参考图 3-7）。将压缩包文件解压缩后，可以找到 L.Polyline.SnakeAnim.js 文件，将其复制到工程的 JS 文件夹下，在 HTML 文档的头部元素中引用该文件，代码如下：

```
1.  <script src="JS/L.Polyline.SnakeAnim.js"></script>
```

本节使用的是高德地图提供的路径规划服务，路径规划服务可参考高德开放平台官网，其中的步行路径规划 API 可以规划 100 km 内的步行通勤方案，并且返回通勤方案的数据，请求方式为 GET。虽然 JavaScript 可以执行 HTTP 的 GET 请求，但相对比较烦琐，因此建议使用 jQuery 之类的 JavaScript 库，能够使 GET 请求的处理过程得到极大的简化。和其他 JavaScript 库一样，jQuery 库的出现可以说就是为了简化 JavaScript 编程。在 jQuery 官网单击"Download"，可选择下载完整版的 jquery-3.5.1.js 或压缩版的 jquery-3.5.1.js，本节选用完整版的 jquery-3.5.1.js，下载后将其复制到工程的 JS 文件夹下，在 HTML 文档的头部元素中引用该文件，代码如下：

```
1.  <script src="JS/jquery-3.5.1.js"></script>
```

6.2.1.2 代码实现

本节在通过插件 Leaflet.ChineseTmsProviders 加载高德地图的常规地图图层后，为地图添加一个单击事件，该事件用于通过单击鼠标来选择起/止点的坐标，以确定步行路径，代码如下：

```
1.  myMap.on('click', onMapClick);
2.  var latlngArr=[];                              //用于存储起/止点的坐标
3.  var layGroup=L.layerGroup().addTo(myMap);      //用于存储起/止点的图标
4.  var key="65e453b2952957e068ba517a7cf0f6ce";    //高德 key
5.  var path;                                       //轨迹
6.  function onMapClick(e) {
```

```
7.      if(typeof(path) !="undefined"){
8.          myMap.removeLayer(path);              //去掉已有轨迹
9.      }
10.     if(layerGroup.getLayers().length==2){
11.         layerGroup.clearLayers();             //去掉地图上已有的起/止点图标
12.     }
13.     var marker=L.marker(e.latlng);
14.     layerGroup.addLayer(marker);              //起/止点图标
15.     var lat=L.Util.formatNum(e.latlng.lat,6);
16.     var lng=L.Util.formatNum(e.latlng.lng,6);
17.     latlngArr.push([lat,lng]);                //存储起/止点坐标，传递给高德地图路径规划服务
18.     ……
19. };
```

　　由于高德地图的步行路径规划 API 需要传递起/止点的坐标，因此上面的代码定义了一个数组 latlngArr，用于存储用户选择的起/止点坐标。本示例在起/止点各放置一个图标，通过定义的图层组 layerGroup 来存储起/止点图标。在使用步行路径规划 API 前需要通过"https://lbs.amap.com/dev/"申请 key，即上述代码中的变量 key，其值为一个字符串。另外，上面的代码还定义了一个用于存储轨迹的变量 path。在地图单击事件处理函数中，首先删除前一次操作产生的轨迹和起/止点图标，然后重新获取起/止点坐标，创建图标并将其添加到图层组 layerGroup。在高德地图的步行路径规划 API 中，起/止点经纬度小数位数不能超过 6 位，因此上述代码通过 L.Util.formatNum()方法对用户的起/止点经纬度进行格式化，使其在小数点后保留 6 位，并存储到数组 latlngArr 中。

　　在获得起/止点坐标后，便可以将起/止点坐标传递给高德地图的步行路径规划 API，在以上代码的省略号处添加以下代码：

```
1.  if(latlngArr.length==2){
2.      myMap.fitBounds([latlngArr[0],latlngArr[1]]);
3.      var para="destination="+latlngArr[1][1]+","+latlngArr[1][0]+"&"+"origin="+latlngArr[0][1]+","+latlngArr[0][0]+"&output=JSON";
4.      var url="https://restapi.amap.com/v3/direction/walking?";
5.      url=url+para+"&key="+key;                    //构建高德地图步行路径规划服务 URL
6.      var polyline="";
7.      $.get(url,function(data){                    //访问高德地图步行路径规划服务
8.          var paths=data.route.paths;              //获得高德地图步行路径
9.          for(var i=0;i<paths.length;i++){         //路径可能由好几段路径组成
10.             var steps=paths[i].steps;            //获取步行结果列表
11.             for(var j=0;j<steps.length;j++){     //获取每段步行方案的路径线节点坐标
12.                 if(polyline!=""){
13.                     polyline=polyline+";"+steps[j].polyline;
14.                 }else{
15.                     polyline=polyline+steps[j].polyline;
16.                 }
17.             }
18.         }
```

```
19.          ……
20.          });
21.          latlngArr=[];
22. }
```

上面的代码首先通过 fitBounds()方法将地图居中放大到起/止点所在范围；然后按照高德地图步行路径规划服务的要求构建服务所需的完整 URL，其中包含了起/止点坐标、路径反馈数据格式、key 等信息；接着定义了一个用于存储路径坐标字符串的变量 polyline，调用 jQuery 提供的$.get()方法接收 HTTP 请求返回的数据。$.get()方法第一个参数是高德地图步行路径规划服务 URL，第二个参数是一个回调函数，当数据返回后将调用该函数。在 Chrome 开发者工具中可以查看$.get()方法接收到的数据属性，从中获取需要的信息，如步行路径。高德地图步行路径规划服务返回的路径可能由好几段路径组成，这几段路径组成了一个数组，上面的代码通过一个 for 循环来获取每段路径的步行结果列表（steps），在步行结果列表中又进一步地将每段路径分解为若干段，因此 for 循环中嵌套了一个 for 循环，用于获取步行结果列表中每段步行方案路径线节点坐标串，该坐标串存储在每段步行方案的 polyline 属性中，存储值为路径经过的节点坐标组成的字符串，同一个节点的经度和纬度用逗号相隔，相邻两个节点坐标之间用分号相隔。嵌套 for 循环中的 if 条件语句用于判断是否已经存储部分路径的坐标串，如果存储了，则新加入的坐标串要用分号相隔；否则直接从新加入的坐标串开始存储。在以上代码的最后，还需要将 latlngArr 数组清空，以便存储新的起/止点坐标。

由于步行路径经过的各点坐标共同存储为一条字符串，因此需要进一步处理，将其逐个提取出来，以便通过 Leaflet 提供的 L.polyline()方法创建折线。在上述代码的省略号处，添加以下代码：

```
1.  if(polyline!=""){
2.      var nodeArr=polyline.split(";");
3.      var latlngs=[];
4.      //将节点字符串数组转换成数值数组
5.      for(var k=0;k<nodeArr.length;k++){
6.          var ele=nodeArr[k].split(",").map(Number).reverse();
7.          latlngs.push(ele);
8.      }
9.      path = L.polyline(latlngs, {
10.         color: 'red',              //线的颜色
11.         weight:8,                  //线宽
12.         snakingSpeed: 200,         //蛇行速度，像素/秒
13.     }).addTo(myMap).snakeIn();
14. }
```

上面的代码将步行路径经过的各点坐标从存储的坐标字符串中逐个提取出来，其中，split()方法用于将一个字符串在指定分隔符处分割成字符串数组；map(Number)方法用于将数组中的每个元素逐一转换为数字后形成新的数组。由于在高德地图路径规划服务请求返回的坐标信息中，经度在前、纬度在后，和 Leaflet 要求的坐标对正好相反，因此上述代码使用 reverse()方法将获取的经纬度坐标反转为纬度在前、经度在后的新坐标。在我们较为熟悉的 L.polyline()方法中新增了 snakingSpeed 属性，该属性是插件 Leaflet.Polyline.SnakeAnim 新增的用于确定

蛇形动画速度的属性，其单位为像素/秒，该速度是相对当前地图缩放等级的路径长度而言的。在步行路径添加到地图上后调用插件 Leaflet.Polyline.SnakeAnim 的 snakeIn()方法来触发动画。完整的代码请参考本书配套资源中的 6-4.html，在地图上单击选中武汉大学和中国地质大学作为起/止点，其步行路径（图中灰色粗线）从起点开始像贪吃蛇一样逐渐绘制到终点，动画播放结束时，绘制的粗线将连接起/止点。蛇形动画效果如图 6-5 所示。

图 6-5　蛇行动画效果

虽然 Leaflet 官网提供的针对高德地图路径规划的插件 Leaflet.Routing.Amap，也能在地图上显示两点之间的路径规划方案，但经过测试发现，要获取各点的坐标较为麻烦，因此，本示例没有使用插件 Leaflet.Routing.Amap。如果仅需要实现两点之间的路径静态显示，可以使用该插件，具体过程详见本书配套资源中的 6-5.html。

6.2.2　虚线动画

Leaflet 官网提供的插件 Leaflet.Path.DashFlow，能够让折线以虚线动画的形式展现在地图上。在 6.2.1.2 节代码的基础上稍做修改便可实现虚线动画。

6.2.2.1　JavaScript 库下载

进入 Leaflet 官网后，单击"Plugins"，找到插件 Leaflet.Path.DashFlow 后可查看该插件的使用说明和示例，单击插件 Leaflet.Path.DashFlow 还可以进入该插件的下载页面。在插件 Leaflet.Path.DashFlow 的下载页面下载该插件的压缩包文件，并保存到本地（可参考图 3-7）。将压缩包文件解压缩后，可以找到 L.Path.DashFlow.js 文件，将其复制到工程的 JS 文件夹下，在 HTML 文档的头部元素中引用该文件，代码如下：

```
1.   <script src="JS/L.Path.DashFlow.js"></script>
```

6.2.2.2　代码实现

本节只需要对 6.2.1.2 节中的最后一段代码稍做修改，即对提取步行路径经过的各点坐标字符串之后的代码进行修改，便可实现虚线动画，代码如下：

```
1.  if(polyline!=""){
2.      var nodeArr=polyline.split(";");
3.      var latlngs=[];
4.      //将节点字符串数组转换成数字数组
5.      for(var k=0;k<nodeArr.length;k++){
6.          var ele=nodeArr[k].split(",").map(Number).reverse();
7.          latlngs.push(ele);
8.      }
9.      path = L.polyline(latlngs.reverse(), {
10.         color: 'red',
11.         weight:8,
12.         dashArray: "15 15",           //虚线子线段长度和线段间隔距离
13.         dashSpeed: 30,                //虚线子线段运动速度：像素/秒
14.     }).addTo(myMap);
15. }
```

唯一需要修改的地方是 L.polyline()方法，该方法的第一个参数调用 reverse()方法，这样做是为了让运动方向是从起点到终点，否则，运动方向将是从终点到起点；在 L.polyline()方法的第二个参数中，插件 Leaflet.Path.DashFlow 新增了 dashArray 属性和 dashSpeed 属性，dashArray 属性指定了两个数值，一个用于确定组成虚线的各个子线段的长度，另一个用于确定子线段之间的间隔距离，dashSpeed 属性用于指定虚线中的子线段运动速度，单位为像素/秒。至此就完成了代码的修改，完整的代码请参考本书配套资源中的 6-6.html，运行效果如图 6-6 所示，虚线中的各个短线段将保持从起点到终点的动画状态。

图 6-6　虚线动画

6.2.3　蚂蚁动画

Leaflet 官网提供的 Leaflet.AntPath 插件，能够将一个流动动画放到折线上，看起来像蚂蚁在折线上运动一样，我们将其称为蚂蚁动画。在 6.2.1.2 节代码的基础上稍做修改便可实现蚂蚁动画。

6.2.3.1　JavaScript 库下载

进入 Leaflet 官网后，单击"Plugins"，找到插件 Leaflet.AntPath 后可查看该插件的使用说明和示例，单击插件 Leaflet.AntPath 还可以进入该插件的下载页面。在插件 Leaflet.DistortableVideo 的下载页面下方介绍的安装方法中找到"Or just download this source code"，其中的"download"是个超链接，单击该超链接可将 zip 压缩包下载到本地文件夹。解压缩后，在 dist 文件夹下可以找到 leaflet-ant-path.js 文件，将其复制到工程的 JS 文件夹下，在 HTML 文档的头部元素中引用该文件，代码如下：

```
1.    <script src="JS/leaflet-ant-path.js"></script>
```

6.2.3.2　代码实现

和虚线动画一样，本节只需要对 6.2.1.2 节中的最后一段代码稍做修改，即对提取步行路径经过的各点坐标字符串之后的代码进行修改，便可实现蚂蚁动画，代码如下：

```
1.  if(polyline!=""){
2.      var nodeArr=polyline.split(";");
3.      var latlngs=[];
4.      //将节点字符串数组转换成数字数组
5.      for(var k=0;k<nodeArr.length;k++){
6.          var ele=nodeArr[k].split(",").map(Number).reverse();
7.          latlngs.push(ele);
8.      }
9.      const options = {
10.         use: L.polyline,      //还可以是 L.curve，L.polygon，L.rectangle，L.circle
11.         delay: 400,                     //确定虚线运动速度
12.         dashArray: [10,20],             //虚线子线段长度和线段间隔距离
13.         weight: 8,                      //线粗
14.         color: "red",                   //背景实线颜色
15.         opacity:0.7,                    //透明度
16.         pulseColor: "#FFFFFF"           //虚线颜色
17.     };
18.     path = new L.Polyline.AntPath(latlngs, options).addTo(myMap);
19. }
```

上述代码通过 L.Polyline.AntPath()方法创建了一个动画图层，该方法的第一个参数和 6.1.2.2 节与 6.2.2.2 节中的 L.Polyline()方法的第一个参数一样，都是路径经过的坐标数组。L.Polyline.AntPath()方法的第二个参数是可选参数，用于设置动画符号的显示样式，其中 use 用于指定动画应用于哪种类型的数据，可以是 L.polyline、L.curve、L.polygon、L.rectangle、L.circle；delay 可以理解为动画两帧之间的延迟时间，用于确定虚线运动速度；dashArray 和

插件 Leaflet.Path.DashFlow 中的 dashArray 一样，用于指定的两个数值，一个用于确定组成虚线的各个子线段的长度，另一个用于确定子线段之间的间隔距离；weight 用于指定线宽；color指定背景实线的颜色；pulseColor 指定虚线颜色；opacity 指定动画的透明度。至此就完成了代码的修改，完整的代码请参考本书配套资源中的 6-7.html，蚂蚁动画效果如图 6-7 所示，虚线中的各个短线段将保持从起点到终点的动画状态，其动画效果实际上是在 6.2.2 节虚线动画的基础上增加了一个折线背景。

图 6-7　蚂蚁动画效果

6.2.4　流向图动画

Leaflet 官网提供了 leaflet.migrationLayer 和 Leaflet.Canvas-Flowmap-Layer 等插件，可以在地图上绘制反映人口迁徙、商品物流等动态的流向图。本节主要介绍插件 Leaflet.Canvas-Flowmap-Layer 的使用方法，流向图采用贝塞尔曲线进行绘制。

6.2.4.1　JavaScript 库下载

进入 Leaflet 官网后，单击"Plugins"，找到插件 Leaflet.Canvas-Flowmap-Layer 后可查看该插件的使用说明和示例，单击插件 Leaflet.Canvas-Flowmap-Layer 还可以进入该插件的下载页面。在插件 Leaflet.Canvas-Flowmap-Layer 的下载页面下载该插件的压缩包文件，并保存到本地（可参考图 3-7）。将压缩包文件解压缩后，在 src 文件夹下可以找到文件CanvasFlowmapLayer.js，将其复制到工程的JS文件夹下。此外，从插件Leaflet.Canvas-Flowmap-Layer 的使用说明可以看出，其动画部分依赖于提供各种经典动画算法的 tween.js 库。插件Leaflet.Canvas-Flowmap-Layer 的示例中提供了 tween.js 库的下载地址 https://unpkg.com/@tweenjs/tween.js@18.5.0/dist/tween.umd.js，可以下载或直接在线使用 tween.js 库。本节将tween.umd.js 库下载到工程的 JS 文件夹下。在 HTML 文档的头部元素中依次引用 tween.umd.js和 CanvasFlowmapLayer.js 文件，代码如下：

```
1.  <script src="JS/tween.umd.js"></script>
2.  <script src="JS/CanvasFlowmapLayer.js"></script>
```

6.2.4.2　数据准备

本节按照 3.2.2 节介绍的方法加载 Geoq 的 Geoq.Normal.PurplishBlue 图层，作为背景地图。插件 Leaflet.Canvas-Flowmap-Layer 在地图上通过贝塞尔曲线展现了三类起/止点关系，分别是一对一（一个起点对应一个终点）关系、一对多（一个起点对应多个终点）关系、多对一（多个起点对应一个终点）关系，在数据中需要相应地体现这三种关系，下面以 CSV 文件为例进行介绍。

1）一对一关系

一对一关系是最简单的一种对应关系，在 CSV 文件中，记录起点的数据列与记录终点的数据列是一对一的关系，如图 6-8 所示，起点数据列 s_city 中每一个城市对应终点数据列 e_City 中的一个城市。

	s_city_id	s_city	s_lat	s_lon	s_pop	s_country	s_Volume	s_Vol2	e_city_id	e_City	e_lat	e_lon	e_pop	e_country	e_vol	e_Vol2
1																
2	1	Sarh	9.14997	18.39	135862	Chad	33	505	238	Hechi	23.0965	109.609	3275190	China	291099	10
3	10	Asheville	35.6012	-82.554	105775	United States of America	3	832	623	San Jose	9.93501	-84.084	642862	Costa Rica	302064	20
4	17	Ballarat	-37.56	143.84	73404	Australia	29	900	222	Haifa	32.8204	34.98	639150	Israel	400017	30
5	23	Elkhart	41.6829	-85.969	100295	United States of America	23	696	657	Ulaanbaatar	47.9167	106.917	827306	Mongolia	645321	15

图 6-8　一对一关系

2）一对多关系

在 CSV 文件中，同一个起点存在多个数据行，每行对应一个不同终点，每个终点仅出现在一个数据行中，如图 6-9 所示，起点数据列 s_city 中的城市 Hechi 出现了 9 次，意味着对应 9 个终点城市，在终点数据列 e_City 中可以看到 9 个不同的城市名，这些城市在终点数据列 e_City 中仅出现一次。

	s_city_id	s_city	s_lat	s_lon	s_pop	s_country	s_Volume	e_city_id	e_City	e_lat	e_lon	e_pop	e_country	e_vol
1															
2	238	Hechi	23.09653	109.6091	3275190	China	291099	1	Sarh	9.14997	18.39003	135862	Chad	1
3	238	Hechi	23.09653	109.6091	3275190	China	291099	2	Tandil	-37.32	-59.15	84799.5	Argentina	1
4	238	Hechi	23.09653	109.6091	3275190	China	291099	3	Victorville	34.53651	-117.29	83496	United States of America	1
5	238	Hechi	23.09653	109.6091	3275190	China	291099	4	Cranbourne	-38.0996	145.2834	249955	Australia	1
6	238	Hechi	23.09653	109.6091	3275190	China	291099	5	Curico	-34.98	-71.24	108074.5	Chile	1
7	238	Hechi	23.09653	109.6091	3275190	China	291099	6	Dahuk	36.8667	43	620500	Iraq	1
8	238	Hechi	23.09653	109.6091	3275190	China	291099	7	Olympia	47.03804	-122.899	100950	United States of America	1
9	238	Hechi	23.09653	109.6091	3275190	China	291099	8	Oostanay	53.2209	63.6283	223450.5	Kazakhstan	1
10	238	Hechi	23.09653	109.6091	3275190	China	291099	9	Oran	35.71	-0.61997	721992	Algeria	1
11	623	San Jose	9.935012	-84.0841	642862	Costa Rica	302064	10	Asheville	35.6012	-82.5541	105775	United States of America	1
12	623	San Jose	9.935012	-84.0841	642862	Costa Rica	302064	11	Asti	44.92998	8.209979	63410.5	Italy	1
13	623	San Jose	9.935012	-84.0841	642862	Costa Rica	302064	12	Athens	33.9613	-83.378	78017.5	United States of America	1

图 6-9　一对多关系

3）多对一关系

和一对多关系正好相反，多对一关系意味着在 CSV 文件中，一个起点只存在一个数据行，多个起点对应数据行中存在同一个终点，如图 6-10 所示，起点数据列 s_city 中的 9 个起点城市所在数据行中，终点数据列 e_City 出现的终点城市都是 Hechi。

s_city_id	s_city	s_lat	s_lon	s_pop	s_country	s_Volume	s_Vol2	e_city_id	e_City	e_lat	e_lon	e_pop	e_country	e_vol	e_Vol2
1	Sarh	9.14997	18.39003	135862	Chad	33	505	238	Hechi	23.09653	109.6091	3275190	China	291099	10
2	Tandil	-37.32	-59.15	84799.5	Argentina	31	723	238	Hechi	23.09653	109.6091	3275190	China	291099	10
3	Victorville	34.53651	-117.29	83496	United States of America	17	770	238	Hechi	23.09653	109.6091	3275190	China	291099	10
4	Cranbourne	-38.0996	145.2834	249955	Australia	14	944	238	Hechi	23.09653	109.6091	3275190	China	291099	10
5	Curico	-34.98	-71.24	108074.5	Chile	21	876	238	Hechi	23.09653	109.6091	3275190	China	291099	10
6	Dahuk	36.8667	43	620500	Iraq	13	875	238	Hechi	23.09653	109.6091	3275190	China	291099	10
7	Olympia	47.03804	-122.899	100950	United States of America	32	1004	238	Hechi	23.09653	109.6091	3275190	China	291099	10
8	Oostanay	53.2209	63.6283	223450.5	Kazakhstan	11	557	238	Hechi	23.09653	109.6091	3275190	China	291099	10
9	Oran	35.71	-0.61997	721992	Algeria	22	539	238	Hechi	23.09653	109.6091	3275190	China	291099	10
10	Asheville	35.6012	-82.5541	105775	United States of America	3	832	623	San Jose	9.935012	-84.0841	642862	Costa Rica	302064	20
11	Asti	44.92998	8.209979	63410.5	Italy	4	681	623	San Jose	9.935012	-84.0841	642862	Costa Rica	302064	20
12	Athens	33.9613	-83.378	78017.5	United States of America	34	921	623	San Jose	9.935012	-84.0841	642862	Costa Rica	302064	20

图 6-10　多对一关系

我们将以上这些示例数据都放在工程的 **data** 文件夹下，大家可对照理解。

6.2.4.3　代码实现

插件 Leaflet.Canvas-Flowmap-Layer 是通过 Leaflet.CanvasFlowmapLayer()方法创建流向图图层的。流向图图层是 Leaflet 中 GeoJSON 图层的扩展，L.GeoJSON()方法中的所有属性、方法和事件都可以在 Leaflet.CanvasFlowmapLayer()方法中使用。Leaflet.CanvasFlowmapLayer() 方法有两个参数：第一个参数是 FeatureCollection 类型的 GeoJSON 数据，即参与绘制的点数据；第二个参数是一些控制流向图样式的可选参数。本节以工程文件夹 data 内的示例数据 Flowmap_Cities_one_to_many.csv 为例（该数据是一对多关系），介绍通过插件 Leaflet.Canvas-Flowmap-Layer 绘制流向图的过程。

Leaflet 官网提供了一些用于加载 CSV 数据的插件，如 5.5.2 节介绍的插件 leaflet-omnivore，本节参考 5.5.3 节介绍的方法加载 Flowmap_Cities_one_to_many.csv 数据，代码如下：

```
1.  var pointLayer=omnivore.csv('data/Flowmap_Cities_one_to_many.csv',{
2.      latfield: 's_lat',              //起点纬度
3.      lonfield: 's_lon',              //起点经度
4.      delimiter: ',',                 //分隔符
5.  }).on('ready', function() {
6.      ……
7.  });
```

插件 leaflet-omnivore 将创建一个 L.geoJson()图层，上述代码在 omnivore.csv()方法第二个参数中指定了起点经纬度对应 CSV 文件中的数据列名称及 CSV 数据分隔符，CSV 文件的其他数据列将作为属性存储在创建的图层中。在加载完 CSV 数据后，在上述代码的省略号处添加以下代码，就可以开始构建一个 GeoJSON 数据。

```
1.  pointLayer.eachLayer(function (layer) {
2.      layer.feature.properties.s_lat=layer.feature.geometry.coordinates[1];
3.      layer.feature.properties.s_lon=layer.feature.geometry.coordinates[0];
4.  });
5.  var geoJsonFeatureCollection =pointLayer.toGeoJSON();
```

由于 CanvasFlowmapLayer()方法需指定起/止点坐标所在的属性列，因此上述代码为创建的图层增加了两个存储起始点经纬度坐标的属性列 s_lat 和 s_lon，CSV 文件中的这两列在创建 L.geoJson()图层时作为几何坐标从属性列中删除了。通过 toGeoJSON()方法将创建的 pointLayer 图层转换为 FeatureCollection 类型的 GeoJSON 数据，由此，CanvasFlowmapLayer()方法的第一个参数已经准备完毕，接下来便可调用该方法，代码如下：

```
1.  var oneToManyFlowmapLayer=L.canvasFlowmapLayer(geoJsonFeatureCollection, {
2.      ……
3.  }).addTo(myMap);
```

在 canvasFlowmapLayer()方法第二个参数对象中（以上代码的省略号处），必须设置 originAndDestinationFieldIds 属性，顾名思义，该属性用于指定起/止点 ID 和经纬度坐标所在的属性列列名，以便在绘制贝塞尔曲线时读取相关的数值，其中，每个起/止点的 ID 必须是唯一的。originAndDestinationFieldIds 属性设置如下：

```
1.  originAndDestinationFieldIds: {
2.      originUniqueIdField: 's_city_id',              //起点 ID
3.      originGeometry: {                              //起点坐标
4.          x: 's_lon',                               //经度
5.          y: 's_lat'                                //纬度
6.      },
7.      destinationUniqueIdField: 'e_city_id',         //终点 ID
8.      destinationGeometry: {                         //终点坐标
9.          x: 'e_lon',                               //经度
10.         y: 'e_lat'                                //纬度
11.     }
12. },
```

设置好 originAndDestinationFieldIds 属性后，就可以开始设置起/止点的样式和贝塞尔曲线的样式。对于起/止点的样式，可参考 Leaflet 中 CircleMarker 的参数设置，在创建图层时，设置 style 属性，代码如下：

```
1.  style: function(geoJsonFeature) {
2.      //GeoJSON 数据的属性被修改，开发者需要通过 isOrigin 来判断是起点还是终点，从而设置其样式
3.      if (geoJsonFeature.properties.isOrigin) {
4.          return {
5.              renderer: canvasRenderer,              //矢量图层绘制画布
6.              radius: 5,                             //半径
7.              weight: 1,                             //线宽
8.              color: 'rgb(195, 255, 62)',           //线划颜色
9.              fillColor: 'rgba(195, 255, 62, 0.6)', //填充色
10.             fillOpacity: 0.6                       //填充透明度
11.         };
12.     } else {
13.         return {                                   //同上
14.             renderer: canvasRenderer,
15.             radius: 2.5,
```

```
16.              weight: 0.25,
17.              color: 'rgb(17, 142, 170)',
18.              fillColor: 'rgb(17, 142, 170)',
19.              fillOpacity: 0.7
20.          };
21.      }
22. },
```

在通过插件 Leaflet.Canvas-Flowmap-Layer 创建流向图图层时，会修改 GeoJSON 数据的属性，上面的代码增加了一个 isOrigin 属性，该属性用于指定某个点是否为起/止点。上述代码通过一个 if 条件语句判断 isOrigin 的属性值，由此分别对起/止点设置不同的样式。其中，renderer 的属性值为 Leaflet 矢量图层的绘制画布，可通过 L.canvas()获取，需提前定义，代码如下：

```
1. var canvasRenderer = L.canvas();
```

通过插件 Leaflet.Canvas-Flowmap-Layer 绘制的流向图动画效果，实际上由一层动画的贝塞尔曲线叠加在另一层静态的贝塞尔曲线上而形成的，因此贝塞尔曲线的样式设置既包括连接起/止点的静态贝塞尔曲线的样式设置，也包括其上的动态贝塞尔曲线的样式设置。这些样式使用了 HTML 文档 Canvas 元素的一些样式，代码如下：

```
1. var pathOptions={                                //静态贝塞尔曲线
2.     symbol:
3.         {
4.             lineCap: "round",                    //线条末端线帽的样式
5.             lineWidth: 0.75,                     //线条宽度
6.             shadowBlur: 1.5,                     //阴影模糊级别
7.             shadowColor: "rgb(255, 0, 51)",      //阴影的颜色
8.             strokeStyle: "rgba(255, 0, 51, 0.8)",//笔触的颜色、渐变或模式
9.         },
10.    type: "simple"
11. };
12. var animatedPathOptions={                        //动态贝塞尔曲线
13.     symbol:
14.         {
15.             lineCap: "round",
16.             lineDashOffsetSize: 4,               //虚线偏移量
17.             lineWidth: 1.25,
18.             shadowBlur: 2,
19.             shadowColor: "rgb(255, 0, 51)",
20.             strokeStyle: "rgb(255, 46, 88)",
21.         },
22.    type: "simple"
23. };
```

将 pathOptions 和 animatedPathOptions 分别作为 canvasBezierStyle 属性和 animatedCanvas BezierStyle 属性的值传递给流向图图层，用于设置静态贝塞尔曲线的样式和动态贝塞尔曲线

的样式，代码如下：

```
1.  canvasBezierStyle : pathOptions,                      //静态贝塞尔曲线的样式
2.  animatedCanvasBezierStyle : animatedPathOptions,      //动态贝塞尔曲线的样式
```

此外，还可以设置贝塞尔曲线的其他样式，代码如下：

```
1.  pathDisplayMode: 'selection',        //显示模式，可以设置为 selection 或 all
2.  animationStarted: true,              //动画自动播放
3.  animationEasingFamily: 'Linear',     //运动模式
4.  animationEasingType: 'None',         //可以是 None、In、Out 或 InOut
5.  animationDuration: 2000              //动画播放速度
```

在上述代码中，pathDisplayMode 用于确定是全部显示流向图曲线，还是只显示选择的流向图曲线。animationStarted 用于设置在加载 HTML 文档后是否自动播放流向图动画，此外，还可以通过 playAnimation()方法和 stopAnimation()方法来控制动画播放或暂停动画播放。animationEasingFamily 和 animationEasingType 共同决定了动画方式，可参考 tween.js 的使用说明，animationEasingFamily 可以是 Linear、Quadratic、Cubic、Quartic、Quintic、Sinusoidal、Exponential、Circular、Elastic、Back、Bounce 等，animationEasingType 可以是 None、In、Out、InOut，分别对应不同的动画算法，读者可以尝试修改这些参数，看看动画效果的变化。animationDuration 则用于控制动画播放速度。至此，已完成流向图动画图层的创建与加载。

在加载完流向图后，可以为流向图图层添加事件。例如，鼠标单击事件，当用户单击某个起点或终点时，显示经过该点的流向路径，代码如下：

```
1.  oneToManyFlowmapLayer.on('click', function(e) {
2.      if (e.sharedOriginFeatures.length) {
3.          oneToManyFlowmapLayer.selectFeaturesForPathDisplay(e.sharedOriginFeatures,
'SELECTION_NEW');
4.      }
5.      if (e.sharedDestinationFeatures.length) {
6.          oneToManyFlowmapLayer.selectFeaturesForPathDisplay(e.sharedDestinationFeatures,
'SELECTION_NEW');
7.      }
8.  });
```

sharedOriginFeatures 是具有同一起点的终点要素数组，sharedDestinationFeatures 是具有同一终点的起点要素数组。selectFeaturesForPathDisplay()方法用于通知流向图图层在地图上绘制贝塞尔曲线，其中第一个参数为地图上已经显示的起点或终点数组；第二个参数为 SELECTION_NEW、SELECTION_ADD 或 SELECTION_SUBTRACT，分别表示在地图上显示新的流向图、在现有流向图基础上增加流向图或删除流向图。

此外，在加载完 HTML 文档后，还可以设置一个流向图动画立即显示，只需要在 CSV 文件加载完成后添加以下语句即可。

```
1.  oneToManyFlowmapLayer.selectFeaturesForPathDisplayById('s_city_id', '183', true, 'SELECTION_NEW');
```

selectFeaturesForPathDisplayById()方法可以直接通过起/止点的唯一 ID 绘制流向图，其第一个参数为起/止点 ID 属性名；第二个参数为起/止点 ID 对应的属性值，要注意若是字符串，

则需要增加引号，若为数字，则不需要增加引号；第三个参数为 true 或 false，用于指定是否为起点，最后一个参数和 selectFeaturesForPathDisplay()方法的最后一个参数一样。

完整的代码请参考本书配套资源中的 6-8.html，运行效果如图 6-11 所示，单击其中任何一个起点或终点，将生成新的流向图。

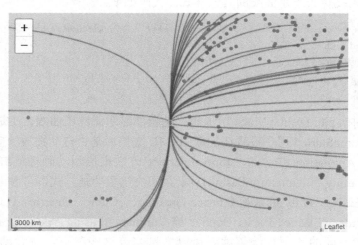

图 6-11　流向图动画

6.3　流场动画

流场动画是指在一定空间范围内分布的风场、洋流、气压、温度等状态的动态展示。Leaflet 官网提供了 leaflet-velocity、Leaflet.CanvasLayer.Field、Windy-Leaflet-plugin 等插件，可实现流场动画效果。本节将介绍 leaflet-velocity 和 Leaflet.CanvasLayer.Field 插件的使用方法。

6.3.1　插件 leaflet-velocity

6.3.1.1　下载 JavaScript 库

进入 Leaflet 官网后，单击"Plugins"，找到插件 leaflet-velocity 后可查看该插件的使用说明和示例，单击插件 leaflet-velocity 还可以进入该插件的下载页面。在插件 leaflet-velocity 的下载页面下载该插件的压缩包文件，并保存到本地（可参考图 3-7）。将压缩包文件解压缩后，在 dist 文件夹下可以找到 leaflet-velocity.css、leaflet-velocity.js 及其压缩版文件，将 leaflet-velocity.css、leaflet-velocity.js 分别复制到工程的 CSS 文件夹和 JS 文件夹下。在 HTML 文档的头部元素中引用以上两个文件，代码如下：

```
1.  <link rel="stylesheet" href="CSS/leaflet-velocity.css">
2.  <script src="JS/leaflet-velocity.js"></script>
```

除此之外，本节还使用了 jQuery 库，可以按照 6.2.1.1 节介绍的方法在 HTML 文档的头部元素中引用该库，此处不再赘述。

6.3.1.2 代码实现

本节使用的示例数据来自 https://research.csiro.au/ereefs/，详见工程 data 文件夹下的 water-gbr.json 和 wind-gbr.json，该数据由 GRIB2 数据转换而来，转换工具为 grib2json（详见 https://github.com/cambecc/grib2json）。本节使用的数据格式示例如下，需要提供 U（纬向）、V（经向）分量的相关信息。

```
1.  [{
2.      "header": {
3.          "parameterUnit": "m.s-1",                    //单位
4.          "parameterNumber": 2,                        //固定值
5.          "dx": 1.0,                                   //间隔
6.          "dy": 1.0,                                   //间隔
7.          "parameterNumberName": "Eastward current",   //数据参数名
8.          "la1": -7.5,                                 //纬度
9.          "la2": -28.5,                                //纬度
10.         "parameterCategory": 2,                      //固定值
11.         "lo2": 156,                                  //经度
12.         "nx": 14,                                    //数量
13.         "ny": 22,                                    //数量
14.         "refTime": "2017-02-01 23:00:00",            //时间
15.         "lo1": 143                                   //经度
16.     },
17.     "data": []                                       //U 分量数据
18. },{
19.     ……,                                             //V 分量数据，结构同上
20.     }
21. ]
```

这里以 wind-gbr.json 数据的加载为例进行说明。选择天地图地图的影像图层和对应的注记图层作为背景地图，加载影像图层和注记图层后，添加以下代码：

```
1.  var layerControl = L.control.layers().addTo(myMap);
2.  $.getJSON('data/wind-gbr.json', function (data) {
3.      var velocityLayer = L.velocityLayer({
4.          displayValues: true,                     //是否显示详细信息
5.          displayOptions: {                        //详细信息显示选项
6.              velocityType: 'GBR Wind',            //显示文字
7.              displayPosition: 'bottomleft',       //显示位置
8.              displayEmptyString: 'No wind data'   //空值时显示
9.          },
10.         data: data,
11.         maxVelocity: 10,                         //用于校准颜色
12.         velocityScale: 0.01,                     //粒子动画修改，默认值为 0.005
13.         //colorScale: [],                        //定义 hex/rgb 颜色数组
14.         //opacity: 0.97,                         //图层透明度，默认值为 0.97
15.     }).addTo(myMap);
```

```
16.     layerControl.addOverlay(velocityLayer, 'Wind - Great Barrier Reef');
17. });
```

上述代码首先在地图上添加了一个地图图层控件，然后通过 jQuery 的$.getJSON()方法来加载 wind-gbr.json 数据。$.getJSON()方法使用 AJAX 的 HTTP GET 请求获取 JSON 数据，读者可以将该方法与前文提到的 D3.js、Leaflet-Ajax 插件加载 JSON 数据的方法进行对比。显然，$.getJSON() 也是一种异步加载的方法，在其回调函数中，在数据加载完成后通过 L.velocityLayer()方法创建了一个流速图层，传递给 L.velocityLayer()方法的参数必须指定数据来源，即 data 属性。此外，displayValues 属性用于设置是否显示详细流速信息，如果设置为 true，则当用户鼠标光标移动到流速图层时，会显示详细的流速信息，如方向、速度等。在 displayOptions 属性的设置中指定了以上详细信息显示的位置、文本内容、空值时如何显示等信息。这些流速信息会通过不同颜色的粒子系统来动画模拟，其颜色通过 colorScale 来指定 hex 或 rgb 格式的颜色数值数组。minVelocity 属性和 maxVelocity 属性用于确定颜色的过渡效果。velocityScale 属性用于设置粒子的大小。opacity 属性用于设置图层显示的透明度。

以同样的方法加载 water-gbr.json，这里不再赘述，完整的代码请参考本书配套资源中的 6-9.html，运行效果如图 6-12 所示，当鼠标光标移动到粒子动画效果上时，左下角将显示风向、风速、洋流方向和速度。

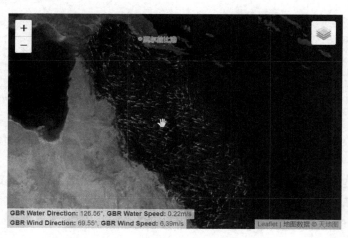

图 6-12　流场动画示例一

6.3.2　插件 Leaflet.CanvasLayer.Field

6.3.2.1　下载 JavaScript 库

进入 Leaflet 官网后，单击"Plugins"，找到插件 Leaflet.CanvasLayer.Field 后可查看该插件的使用说明和示例，单击插件 Leaflet.CanvasLayer.Field 还可以进入该插件的下载页面。在插件 Leaflet.CanvasLayer.Field 的下载页面下载该插件的压缩包文件，并保存到本地（可参考图 3-7）。将压缩包文件解压缩后，在 dist 文件夹下可以找到 leaflet.canvaslayer.field.js 及其相应的映射文件 leaflet.canvaslayer.field.js.map，将它们复制到工程的 JS 文件夹下。从插件 Leaflet.CanvasLayer.Field 的使用说明可知，该插件还用到了 chroma.js、d3.js 等 JavaScript 库，分别找到对应链接，其中，d3.js 在上文已有介绍，此处不再赘述，chroma.js 是一个用于调色库，在 5.1.6 节中已有介绍，官网链接为 https://github.com/gka/chroma.js，同样在类似图 3-7 所示的下载页面上找到压缩包并下载到本地文件夹，解压缩后，在主目录下找到 chroma.js，复制到工程的 JS 文件夹下。在 HTML 文档的头部元素中引用以上几个文件，代码如下：

```
1.  <script src="JS/d3.js"></script>
2.  <script src="JS/leaflet.canvaslayer.field.js"></script>
3.  <script src="JS/chroma.js"></script>
```

6.3.2.2　代码实现

1）矢量动画图层创建

准备好几个 ASCII Grid 格式或 GeoTIFF 格式的栅格数据文件，注意坐标系要用 EPSG:4326，一般的 GIS 工具都可以进行数据格式转换。在工程的 data 文件夹下准备好几个 .asc 文件后，首先按照 3.2.2 节介绍的方法加载 Geoq 的 Geoq.Normal.PurplishBlue 图层作为背景地图；接着通过 d3.text().then() 方法读取准备好的栅格数据，如 data 文件夹下的 Atlantic_U.asc 和 Atlantic_V.asc 文件，和 6.3.1.2 节一样，这两个文件分别代表速度的 U（纬向）和 V（经向）分量。代码如下：

```
1.  d3.text('data/Atlantic_U.asc').then(function (u){
2.      d3.text('data/Atlantic_V.asc').then(function (v) {
3.          var vf = L.VectorField.fromASCIIGrids(u, v, 0.001);      //换算成单位：m/s
4.          var layer = L.canvasLayer.vectorFieldAnim(vf, {
5.              paths: 100,
6.              color: "#FF6699",
7.              width: 3,
8.              velocityScale: 1 / 10,
9.              mouseMoveCursor: null
10.         }).addTo(myMap);
11.         var layer2 = L.canvasLayer.vectorFieldAnim(vf, {
12.             paths: 10000,
13.             color: "cyan",
14.             width: 0.5,
15.             fade: 0.92,
16.             maxAge: 2000,
17.             velocityScale: 1 / 100,
18.             mouseMoveCursor: null
19.         }).addTo(myMap);
20.         myMap.fitBounds(layer.getBounds());
21.     });
22. });
```

在上面的代码中，读取 Atlantic_U.asc 和 Atlantic_V.asc 数据之后，还需通过 L.VectorField.fromASCIIGrids() 方法和 L.canvasLayer.vectorFieldAnim() 方法创建一个矢量动画图层，其样式由 L.canvasLayer.vectorFieldAnim() 方法的第二个参数决定。在第二个参数中，paths 用于指定动画短线的数量；color 用于指定短线颜色；width 用于指定短线线宽；fade 用于指定短线颜色渐变；maxAge 用于指定短线存在的最大时间；velocityScale 用于指定短线动画的速度；mouseMoveCursor 用于指定鼠标移动上去的指针样式。以上代码增加了两个不同样式的图层，在图层加载到地图上后，还可以增加一段代码来随机改变动画短线的颜色，代码如下：

```
1.  var colors = ['cyan', 'yellow', 'pink', 'aqua', 'DeepSkyBlue'];
2.  setInterval(function () {
3.      var r = Math.random() * colors.length | 0;
4.      layer.options.color = colors[r];
5.  }, 5000);
```

上述代码定义了 5 种颜色，每隔 5 s 就改变其中一个图层的动画颜色。完整的代码请参考本书配套资源中的 6-10.html，运行效果如图 6-13 所示。

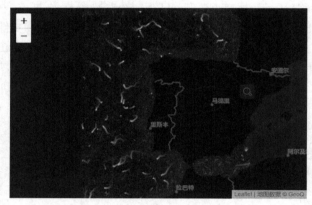

图 6-13　流场动画示例二

2）交互功能

接下来我们通过另外一个示例，看看如何增加地图的交互功能，使用户能够查看具体的速度，并能修改动画的可视化效果。首先选择天地图地图的影像图层作为背景地图，然后对通过 D3.js 读取栅格数据的代码进行修改，修改后的代码如下：

```
1.  d3.text('data/Bay_U.asc').then(function (u){
2.      d3.text('data/Bay_V.asc').then(function (v) {
3.          var vf = L.VectorField.fromASCIIGrids(u, v);
4.          layer = L.canvasLayer.vectorFieldAnim(vf).addTo(myMap);
5.          myMap.fitBounds(layer.getBounds());
6.          layer.on('click', function (e) {
7.              if (e.value !== null) {
8.                  var vector = e.value;
9.                  var v = vector.magnitude().toFixed(2);
10.                 var d = vector.directionTo().toFixed(0);
11.                 var html = (`<span class="popupText">${v} m/s to ${d}°</span>`);
12.                 var popup = L.popup()
13.                     .setLatLng(e.latlng)
14.                     .setContent(html)
15.                     .openOn(myMap);
16.             }
```

```
17.            });
18.        });
19. });
```

上述代码在读取 data 文件夹下的 Bay_U.asc 和 Bay_V.asc 数据后，同样创建了一个矢量动画图层，所有样式都采用默认的样式。在矢量动画图层加载到地图上后，增加了一个鼠标单击事件，在鼠标单击事件的处理函数中，通过 magnitude()方法和 directionTo()方法分别获取速度和方向角度，toFixed()方法则把返回的值四舍五入为指定小数位数的数字，并将这两个数值显示在弹出窗中。

此外，我们还可以在 HTML 文档中增加一些交互元素，如滑块、颜色选择框等，为这些元素增加监听函数，通过修改图层样式的可选项来改变动画可视化效果，如修改动画短线线宽，代码如下：

```
1.  var width = document.getElementById('width');
2.  width.addEventListener('input', function () {
3.      layer.options.width = width.value;
4.  });
```

通过 setOpacity()方法来调整矢量动画图层的透明度，代码如下：

```
1.  var opacity = document.getElementById('opacity');
2.  opacity.addEventListener('input', function () {
3.      layer.setOpacity(opacity.value);
4.  });
```

完整的代码请参考本书配套资源中的 6-11.html。由于增加了很多 HTML 文档元素，因此需要对各个元素的样式进行设置，此处不再展开阐述，完整的样式文件详见 6-11.css，在 HTML 文档的头部元素中引用该文件，代码如下：

```
1.  <link rel="stylesheet" href="CSS/6-11.css">
```

运行效果如图 6-14 所示，右下面板可以调整矢量动画图层的可视化效果，在图层上单击鼠标时，可看到单击鼠标处的速度和流动方向。

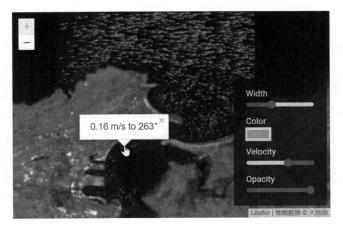

图 6-14　流场动画的交互式控制

3）图例添加

最后我们再通过一个示例，看看如何增加地图图例。这里先加载 Geoq 的 Geoq.Normal. PurplishBlue 图层作为背景地图，再对通过 D3.js 读取栅格数据的代码进行修改，修改后的代码如下：

```
1.  d3.text('data/Cantabria_U.asc').then(function (u){
2.      d3.text('data/Cantabria_V.asc').then(function (v) {
3.          var vf = L.VectorField.fromASCIIGrids(u, v, 0.001);
4.          var range = vf.range;
5.          var scale = chroma.scale('OrRd').domain(range);
6.          var layer = L.canvasLayer.vectorFieldAnim(vf, {
7.              paths: 2000,
8.              color: scale,
9.              velocityScale: 1 / 200
10.         }).addTo(myMap);
11.         myMap.fitBounds(layer.getBounds());
12.     });
13. });
```

上面的代码读取了 data 文件夹下的 Cantabria_U.asc 和 Cantabria_V.asc 数据，唯一不同的是，通过 chroma.scale('OrRd').domain(range)方法指定了一个颜色方案对应的数值范围 range，并将其赋给矢量动画图层的 color 属性。chroma.js 的颜色插值方法可参考 5.1.6 节的内容，OrRd 只是其中一种颜色方案的名称，其他方案可查看 chroma.js 源代码。在矢量动画图层加载到地图上后，开始添加图例，代码如下：

```
1.  var bar = L.control.colorBar(scale, range, {
2.      title: '洋流速度(m/s)',
3.      units: 'm/s',
4.      steps: 100,
5.      decimals: 1,
6.      width: 350,
7.      height: 20,
8.      position: 'bottomright',
9.      background: '#000',
10.     textColor: 'white',
11.     textLabels: ['低速', '中速', '高速'],
12.     labels: [0, 1.0, 2.0],
13.     labelFontSize: 9
14. }).addTo(myMap);
```

上述代码指定了图例的标题（title）、速度单位（units）、颜色分级（steps），鼠标提示显示的数字精度（decimals）、宽度（width）、高度（height）、位置（position）、背景色（backgroud）、文本颜色（textColor）、文本内容（textLabels）、文本位置（labels）、文本大小（labelFontSize）等。至此就完成了图例的添加，完整的代码请参考本书配套资源中的 6-12.html，运行效果如图 6-15 所示。

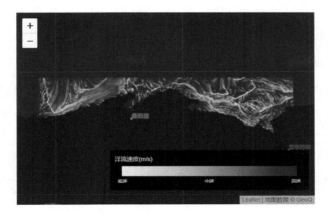

图 6-15　在流场动画中添加图例后的效果

参考文献

[1] 龚建雅. 地理信息系统基础[M]. 北京：科学出版社，2003.

[2] 吴信才. 地理信息系统原理与方法[M]. 北京：电子工业出版社，2009.

[3] Mapbox 中国[EB/OL]. [2020-07-08]. https://www.zhihu.com/org/mapboxzhong-guo/answers.

[4] Nai Yang, Alan MacEachren, Emily Domanico. Utility and usability of intrinsic tag maps [J]. Cartography and Geographic Information Science, 2020, 47(4):291-304.

[5] Nai Yang, Alan MacEachren, Liping Yang. TIN-based Tag Map Layout[J]. The Cartographic Journal, 2019, 56(2):101-116.

[6] AntV 简介[EB/OL]. [2020-07-26]. https://antv-l7.gitee.io/zh/docs/api/l7.

[7] 国家地理信息公共服务平台[EB/OL].[2020-09-14].http://www.tianditu.gov.cn/about/contact.html.

[8] ArcGIS Online[EB/OL].[2020-07-29]. https://doc.arcgis.com/zh-cn/arcgis-online/reference/shapefiles.htm.

[9] ArcMap[EB/OL].[2020-07-29]. https://desktop.arcgis.com/zh-cn/arcmap/10.3/manage-data/shapefiles/what-is-a-shapefile.htm.

[10] ArcMap[EB/OL].[2020-07-29]. https://desktop.arcgis.com/zh-cn/arcmap/10.3/manage-data/shapefiles/shapefile-file-extensions.htm.

[11] Introducing JSON[EB/OL].[2020-07-29]. https://www.json.org/json-en.html.

[12] Scott Murray. Interactive Data Visualization for the Web[M]. California: O'Reilly Media, 2017.

[13] Nicholas C. Zakas. JavaScript 高级程序设计[M]. 李松峰，曹力，译. 3 版. 北京：人民邮电出版社，2014.

[14] JSON 介绍[EB/OL].[2020-07-29]. http://www.json.org.cn/index.htm.

[15] GEOJSON[EB/OL].[2020-07-29]. http://geojson.cn/.

[16] Topojson-specification[EB/OL].[2020-08-02]. https://github.com/topojson/topojson-specification.

[17] Topojson[EB/OL].[2020-08-02]. https://github.com/topojson/topojson.

[18] RFC 4180[EB/OL].[2020-08-03]. https://tools.ietf.org/html/rfc4180#page-2.

[19] 孟令奎. 网络地理信息系统原理与技术[M]. 北京：科学出版社，2010.

[20] ESRI[EB/OL].[2020-08-04]. https://doc.arcgis.com/zh-cn/arcgis-online/reference/kml.htm.

[21] Keyhole 标记语言[EB/OL].[2020-08-04]. https://developers.google.com/kml/documentation.

[22] 刘西杰，张婷. HTML CSS JavaScript 网页制作从入门到精通[M]. 3 版. 北京：人民邮电出版社，2016.

[23] W3school. HTML 系列教程[EB/OL].[2020-08-06]. https://www.w3school.com.cn/h.asp.

[24] W3school. HTML 元素[EB/OL].[2020-08-07]. https://www.w3school.com.cn/html/html_elements.asp.

[25] W3school. HTML5 Canvas[EB/OL].[2020-09-01]. https://www.w3school.com.cn/html5/html_5_canvas.asp.

[26] W3school. CSS 简介[EB/OL]. [2020-08-09]. https://www.w3school.com.cn/css/css_jianjie.asp.

[27] Jeremy Keith，Jeffrey Sambells. JavaScript DOM 编程艺术[M]. 杨涛，王建桥，杨晓云，等译. 北京：人民邮电出版社，2014.

[28] 阮一峰. JavaScript Source Map 详解[EB/OL]. [2020-09-14]. http://www.ruanyifeng.com/blog/2013/01/javascript_source_map.html.

[29] Morphocode[EB/OL].[2020-09-04].https://morphocode.com/wp-content/uploads/2017/06/morphocode-mapping-urban-data-web-maps-tiled-maps-1300x731.jpg.

[30] 百度地图开放平台[EB/OL].[2020-09-17]. http://lbs.baidu.com/index.php? title=jspopular3.0/guide/coorinfo.

[31] Leaflet [EB/OL].[2020-09-17]. https://leafletjs.com/reference-1.7.1.html#crs.

[32] W3school [EB/OL].[2020-09-29]. https://www.w3school.com.cn/ajax/ajax_intro.asp.

[33] Leaflet [EB/OL].[2020-10-9]. https://leafletjs.com/examples/extending/extending-1-classes.html.

[34] 何宗宜，宋鹰，李连营. 地图学[M]. 武汉：武汉大学出版社，2016.

后　记

　　通过本书的学习，读者可以掌握基于 Leaflet 及其他诸多开源 JavaScript 库的在线地图可视化开发技能，其中一些示例还有多种解决方案，本书并未介绍这些解决方案，读者可以尝试使用这些解决方案来实现在线地图可视化的开发，以加深理解。

　　为了开发的方便，读者还可以进一步了解前端的几大主流框架，如 React、Vue、Angular。如果读者需要在线发布自己开发的地图可视化成果，可考虑通过阿里云、腾讯云或其他云服务器提供商购买云服务，按照这些云服务提供商提供的教程进行部署；也可以考虑将项目部署到 GitHub 之类的平台上进行共享。这些平台都会提供使用帮助说明文档，本书不再对此进行扩展讲解。

　　此外，当地图的数据量较大时，可以考虑使用 MySQL、PostgreSQL 等数据库进行存储与组织管理；地图服务的发布则可以考虑使用 GeoServer、MapServer 等工具。

　　总体而言，本书所有案例开发未借助任何框架辅助，只涉及前端的开发，并未涉及后端服务器的开发，也没有涉及数据库相关操作，读者可根据实际项目应用需求，参考其他教程，融会贯通。本书介绍的相关技能也可用于 WebGIS 的开发。